U0296213

古建筑工职业技能培训教材

古建筑传统木工

中国建筑业协会古建筑与园林施工分会　主编

中国建筑工业出版社

图书在版编目（CIP）数据

古建筑传统木工/中国建筑业协会古建筑与园林施工分会
主编. —北京：中国建筑工业出版社，2019.6（2023.12重印）
古建筑工职业技能培训教材
ISBN 978-7-112-23759-3

Ⅰ.①古… Ⅱ.①中… Ⅲ.①古建筑-木工-职业培训-教材
Ⅳ.①TU767.6

中国版本图书馆 CIP 数据核字（2019）第 095842 号

　　本教材是古建筑工职业技能培训教材之一。结合《古建筑工
职业技能标准》的要求，对各职业技能等级的木工应知应会的内
容进行了详细讲解，具有科学、规范、简明、实用的特点。
　　本教材主要内容包括：古建筑木作发展概述（通用），木作
相关基础知识（通用），古建筑常用材料和工具，大木构架（北
方、南方），斗拱（北方、南方），木装修（北方、南方），木作
技术管理知识（通用）。
　　本教材适用于木工职业技能培训，也可供相关职业院校实践
教学使用。

　　责任编辑：葛又畅　李　明
　　责任校对：赵　颖

古建筑工职业技能培训教材
古建筑传统木工
中国建筑业协会古建筑与园林施工分会　主编

*

中国建筑工业出版社出版、发行（北京海淀三里河路 9 号）
各地新华书店、建筑书店经销
北京红光制版公司制版
建工社（河北）印刷有限公司印刷

*

开本：850×1168 毫米　1/32　印张：7¼　字数：192 千字
2019 年 8 月第一版　　2023 年 12 月第四次印刷
定价：**30.00** 元
ISBN 978-7-112-23759-3
（34003）

《古建筑工职业技能培训教材》
编委会成员名单

主 编 单 位：中国建筑业协会古建筑与园林施工分会

名 誉 主 任：王泽民

编 委 会 主 任：沈惠身

编委会副主任：刘大可　马炳坚　柯　凌

编 委 会 委 员（按姓氏笔画排序）：

马炳坚　毛国华　王树宝　刘大可

安大庆　张杭岭　周　益　范季玉

柯　凌　徐亚新　梁宝富

古建筑传统木工编写组长：冯留荣

编 写 人 员：马炳坚　冯留荣　田　璐　汤崇平

张振山　顾水根　唐盘根　惠　亮

吴创健

古建筑传统瓦工编写组长：叶素芬

编 写 人 员：王建中　叶素芬　叶　诚　余秋鹏

顾　军　盛鸿年　崔增奎　董根西

谢　婷　廖　辉　樊智强

古建筑传统石工编写组长：沈惠身

编　写　人　员：沈惠身　胡建中

古建筑传统油工编写组长：梁宝富

编　写　人　员：梁宝富　马　旺　代安庆　完庆建

郑德鸿

古建筑传统彩画工编写组长：张峰亮

编　写　人　员：张峰亮　李燕肇　张莹雪

参　编　单　位：中外园林建设有限公司

北京市园林古建工程有限公司

上海市园林工程有限公司

苏州园林发展股份有限公司

扬州意匠轩园林古建筑营造股份有

限公司

杭州市园林工程有限公司

山东省曲阜市园林古建筑工程有限

公司

北京房地集团有限公司

前　　言

中国传统古建筑是中华民族悠久历史文化的结晶，千百年来成就辉煌，它高超的技艺、丰富的内涵和独特的风格，在世界民族之林独树一帜，在世界建筑史上占有重要地位。

在"建设美丽中国"、实现"中国梦"的今天，传统古建筑行业迎来了空前大好的发展机遇。无论是在古建文物修复、风景区和园林建设中，还是在城市建设、新农村建设中，传统古建筑这个古老的行业都将重放异彩、大有作为。在建设中书写"民族自信"、"文化自信"是我们传统古建筑行业的光荣职责。

传统古建筑行业有着数百万人规模的产业工人队伍，在国家发布的《职业大典》中，"传统古建筑工"被列为一个专门的职业，为加强传统古建筑工从业人员的队伍建设，促进从业人员素质的提高，推进古建筑工从业人员考核制度的实施，满足各有关机构开展培训的需求，遵照《古建筑工职业技能标准》的规定，特编写《古建筑工职业技能培训教材》。本套教材包括古建筑传统木工、古建筑传统瓦工、古建筑传统石工、古建筑传统油工、古建筑传统彩画工五个工种，同时也分别编入了木雕、砖雕、砖细、石雕、花街、匾额、灰塑等传统工艺的基本内容。

我国地域辽阔，古建筑流派众多，教材以明清官式建筑和江南古建筑为基础，尽量涵盖各流派、各地区古建筑风格。参阅引证统一以《营造法式》、《清工部工程做法》、《营造法原》等文献为主，其他地方流派建筑文献为辅。既体现了权威性，也为各地区流派留有余地，以利于培训中灵活操作。

本教材注重理论联系实际，融科学和实操于一体，侧重应用技术。比较全面地介绍了古建筑传统木工应掌握的理论知识和工艺原理，同时系统阐述了古建筑传统木工的操作工艺流程、关键技术和疑难问题的解决方法。文字通俗易懂，语言简洁，满足各职业技能等级木工和其他读者的需要，方便参加培训人员尽快掌握基本技能，是极具实用性和针对性的培训教材。

本书由中国建筑业协会古建筑和园林施工分会组织古建施工企业一线工程技术人员编写。聘请我国著名古建专家刘大可先生、马炳坚先生具体指导和审稿。编写中还得到住建部人力资源开发中心的大力支持，在此一并感谢。

目　　录

一、古建筑木作发展概述（通用）

（一）原 始 时 期

中国古建筑木结构技术来源于"巢居"，距今约 10000 年左右。韩非子《五蠹》中写道："上古之世，人民少而禽兽众，人民不胜禽兽虫蛇。有圣人作，构木为巢以避群害。"构木为巢是利用树干、树枝建造窝棚而居住。这是地势低洼、气候潮湿，多虫蛇地区的先民采用的一种原始的居住形式，是木构建筑的前身（图 1-1）。

图 1-1　原始巢居（图片来自网络）

（二）河姆渡时代

浙江余姚河姆渡的干阑式木构是华夏建筑文化之源，距今约六、七千年，是中国已知最早采用榫卯技术构筑房屋的实例（图 1-2、图 1-3）。

图 1-2 河姆渡干阑建筑（图片来自网络）

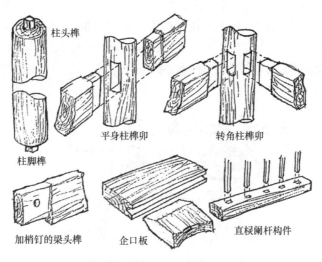

图 1-3 浙江余姚市河姆渡遗址木构件榫卯
（图片来自《中国古代建筑史》）

（三）夏商时期（距今约 4000 年，约公元前 2070 年～前 1046 年）

建筑主要特征：夯土台、木构架。已出现院落，有对称布局（图 1-4）。

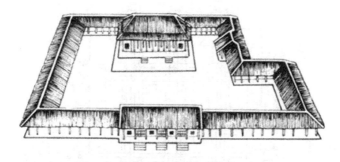

图 1-4　夏商时期院落（图片来自网络）

（四）西周（距今约 3000 年，公元前 1046 年～前 771 年）

西周时期出现了宫殿王城，如岐山宫殿（图 1-5）。

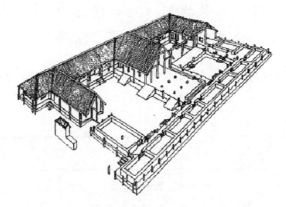

图 1-5　岐山宫殿（图片来自网络）

　　《考工记》是战国时期记述官营手工业各工种规范和制造工艺的文献。《考工记·匠人》所载的王城规则制度中规定："匠人营国，方九里，旁三门。国中九经九纬，经涂九轨。左祖右社，面朝后市。"（图 1-6）。

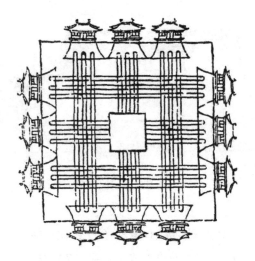

图 1-6　王城图（图片来自网络）

（五）春秋战国（距今约 2800 年，公元前 770 年～前 221 年）

从春秋战国开始，中国便有了建筑环境整体经营的观念，各地修建了大量的城市和宫室，并且已经出现了用于指导施工的平面图（图 1-7）。

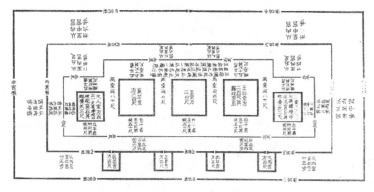

图 1-7　《北域图》（图片来自网络）

4

（六）秦汉时期（距今2239年，公元前221年～公元220年）

秦代修建了大规模宫殿建筑群—阿房宫。杜牧的《阿房宫赋》中这样描述：六王毕，四海一；蜀山兀，阿房出。覆压三百余里，隔离天日……五步一楼，十步一阁；廊腰缦回，檐牙高啄；各抱地势，钩心斗角。

汉代是中国木构建筑的第一个高峰时期。此时，传统的抬梁式、穿斗式、井干式三种主要大木构架体系都已出现并趋于成熟；大部分厅堂和楼阁都有较高的台基，相应的各种平面和外部造型基本完备。中国古代建筑作为一个独立体系在汉代已基本形成。且出现了"庑殿式、歇山式、悬山式、攒尖式"四种屋顶形式，普遍应用一斗三升斗拱。

（七）魏晋南北朝时期（距今1632年，公元386年～公元589年）

这是建筑技艺大发展的时期。在秦汉建筑技术基础上进一步发展，楼阁式建筑相当普遍。平面以方形居多，出现了一斗三升斗拱与人字拱的组合应用，后期还出现了曲脚人字拱。结构由以土墙和土墩台为主要承台部分的土木结合的混合结构向全木结构发展。此时，佛教建筑盛行，将印度佛塔建成楼阁式木结构塔（图1-8）。

图1-8 曲脚人字拱（图片来自网络）

（八）隋　　朝

隋朝是中国封建社会前期建筑的高峰时期，为唐代成熟的建筑体系打下了基础。

这个时期，木构架已经相当正确地运用了材料性能，构件的尺度比例逐步定型。单体建筑屋顶坡度平缓，出檐深远，斗拱比例大，柱子粗壮，风格庄重朴实。

（九）唐　　朝

此时木构建筑发展到了一个成熟时期，基本形成了完整的建筑体系。这个时期的建筑规模庞大、规划严谨；木结构解决了大体量、大面积的技术问题，并已定型化；斗拱硕大，屋面平缓，出檐深远（图1-9）。

图1-9　南禅寺大殿（图片来自网络）

（十）宋　　代

这时木构体系、斗拱体系达到很高的水平。相对于唐代建筑，斗拱的承重作用减弱并且所占比例相对减少。同时，出现了

《营造法式》这部对建筑工程进行管理的官书。

（十一）明清时期

这两个朝代，是木结构建筑发展的最后一个高峰。大木结构与斗拱的分工进一步明确。斗拱与大木构架完全分离，单独成为体系。斗拱比例进一步缩小，出檐减小，柱的生起、卷杀不再使用，柱侧脚仅外围存在，肥梁胖柱。明清官式建筑已高度标准化、定型化、制度化（图1-10）。

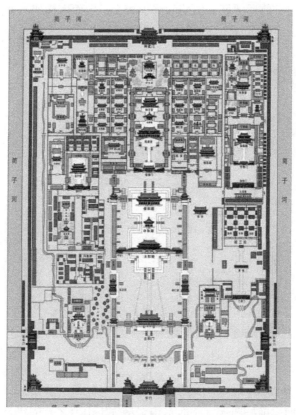

图1-10　清代时期故宫平面图（图片来自网络）

二、木作相关基础知识（通用）

（一）古建筑木构造基本形式

1. 硬山式

屋面有前后两坡，山墙和屋顶相交，山面木构架不外露的建筑，叫硬山建筑（图2-1、图2-2）。

图 2-1　硬山建筑（北方）（图片来自网络）

图 2-2　硬山建筑（南方）

2. 悬山式

屋面有前后两坡，屋面木构架悬挑出山墙之外的建筑，叫悬山建筑（又称挑山建筑）（图2-3、图2-4）。

图 2-3　悬山建筑（北方）（图片来自网络）

图 2-4　悬山建筑（南方）

3. 庑殿式

屋面有前后四坡，前后坡屋面相交形成一条正脊，两山屋面与前后屋面相交形成四条斜背，叫庑殿建筑（又称四大坡、五脊殿、四阿顶），是中国古建筑的最高形制（图 2-5、图 2-6）。

图 2-5　单檐庑殿建筑（图片来自网络）

图 2-6　重檐庑殿建筑（图片来自网络）

4. 歇山式

歇山式建筑可以看作把一个悬山屋顶扣在庑殿顶上，这种屋顶从金檩以下有庑殿建筑的特点，屋面有四坡；金檩以上有歇山建筑的特点。

歇山式建筑有九条脊，一条正脊、四条垂脊、四条戗脊，故称九脊殿（清代官式歇山还有两条博脊）（图 2-7～图 2-9）。

图 2-7　单檐歇山建筑（北方）（图片来自网络）

5. 攒尖顶

屋顶成锥形（或四角或六角或八角或圆形），几条脊交于一点，成为攒尖式。特点：四方、六方、八方等多边形各条边相等

图 2-8　重檐歇山建筑（北方）（图片来自网络）

图 2-9　歇山建筑（南方）

（图 2-10～图 2-14）。

6. 复合式（组合式）

由两种或两种以上形式组合而成的，被称作组合式或复合式
建筑（图 2-15）。

7. 其他杂式

（1）牌楼（图 2-16～图 2-18）

图 2-10　四角攒尖建筑（北方）（图片来自网络）

图 2-11　六角攒尖建筑（北方）（图片来自园博会工程）

图 2-12　八角攒尖建筑（北方）（图片来自网络）

图 2-13 圆攒尖建筑（北方）（图片来自网络）

图 2-14 攒尖顶建筑（南方）

图 2-15　复合式建筑（图片来自网络）

图 2-16　四柱三楼式牌楼（图片来自网络）

图 2-17　四柱七楼式牌楼（图片来自网络）

图 2-18 柱出头式牌楼（图片来自网络）

（2）垂花门（图 2-19～图 2-21）

图 2-19 一殿一卷式垂花门（图片来自网络）

图 2-20 单卷式垂花门（图片来自园博会工程）

图 2-21 独立柱式垂花门（图片来自网络）

（3）游廊（图 2-22～图 2-25）

图 2-22 平廊（北方）（图片来自网络）

图 2-23　爬山廊（北方）（图片来自网络）

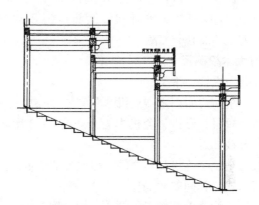

图 2-24　迭落式爬山廊（北方）

图 2-25　回顶三界廊（南方）

（二）木构件权衡知识

1. 明清北方木构建筑所有构件、部位，都有比例和尺度关系

小式不带斗拱的建筑以檐柱柱径（柱根部）为基本权衡尺寸（用 D 表示）。如：檐柱径＝D，檐柱高＝$11D$，椽径＝$1/3D$ 等。

大式带斗拱建筑各部构件以坐斗大斗中间刻口为基本权衡尺寸（称为斗口或口份），清代将斗口分为 11 个等级，斗口尺寸大小决定建筑物体量大小。

如：檐柱径为 6 斗口，斗口为 3 寸时（3 寸＝9.6cm），柱径为 57.6cm；檐柱径依然为 6 斗口，而斗口为 2 寸时（2 寸＝6.4cm），柱径为 38.4cm（表 1-1～表 1-3）。

2. 南方大木权衡尺寸

界＝步架，提栈＝举架。

连机——桁枋之间谓之"连机木"。

短机——短机、脊机、金机木为开间的 2/10 定之。常雕水浪、蝠云、金钱如意。

夹堂板——位于连机与枋之间、似北方的垫板。然而，其常做出小楣板形式，其间安放蜀柱。

拍口枋——枋之上施桁者，谓之"拍口枋"。

椽子——位于脊檩、金檩之上的"椽子"称之"头停椽"；"头停椽"之下为"花架椽、出檐椽"。

眠檐——眠檐＝连檐；眠檐（同望砖厚，以防望砖下滑）；眠檐之上钉瓦口木。

大梁——梁高为扁的两倍。双步梁为檐柱径＋2 寸，高为柱径 1.2 倍定之。梁端头高为梁本身高 3/5。

《营造技术》高 $1.5D$；厚 $1.2D$。

提栈——从前到后形成曲线，中国古建筑曲线屋面的特点。自 3.5 算；4 算；4.5 算；5 算；5.5 算；6 算；6.5 算；7 算；7.5 算；8 算；8.5 算；9 算；9.5 算；10 算（10 算为对算）。界

清式带斗拱大式建筑木构件权衡表（单位：斗口）

表 1-1

类别	构件名称	长	宽	高	厚	径	备注
柱类	檐柱			70（至挑檐桁下皮）		6	包含斗拱高在内
	金柱			檐柱加廊步五举		6.6	
	重檐金柱			按实计		7.2	
	中柱			按实计		7	
	山柱			按实计		7	
	童柱			按实计			5.2 或 6
梁类	桃尖梁	廊步架加斗拱出踩加 6 斗口		正心桁中至要头下皮	6		
	桃尖假梁头	平身科斗拱全长加 3 斗口		正心桁中至要头下皮	6		
	桃尖顺梁	梢间面宽加斗拱出踩加 6 斗口		正心桁中至要头下皮	6		
	随梁			4 斗口+1/100 长	3.5 斗口+1/100 长		
	趴梁			6.5	5.2		
	踩步金			7 斗口+1/100 长或同五、七架梁高	6		断面与对应正身梁相等

类别	构件名称	长	宽	高	厚	径	备注
	踩步金枋（踩步随梁枋）			4	3.5		
	递角梁	对应正身梁加斜		同对应正身梁高	同对应正身梁厚		建筑转折处之斜梁
	递角随梁			4斗口+1/100长	3.5斗口+1/100长		递角梁下之辅助梁
	抹角梁			6.5斗口+1/100长	5.2斗口+1/100长		
梁类	七架梁	六步架加2檩径		8.4或1.25倍厚	7斗口		六架梁同此宽厚
	五架梁	四步架加2檩径		7斗口或七架梁高的5/6	5.6斗口或4/5七架梁厚		四架梁同此宽厚
	三架梁	三步架加2檩径		5/6五架梁高	4/5五架梁厚		月梁同此宽厚
	三步梁	三步架加1檩径		同七架梁	同七架梁		
	双步梁	三步架加1檩径		同五架梁	同五架梁		
	单步梁	一步架加1檩径		同三架梁	同三架梁		
	顶梁（月梁）	顶步架加2檩径		同三架梁	同三架梁		

类别	构件名称	长	宽	高	厚	径	备注
梁类	太平梁	二步架加檩金盘一份		同三架梁	同三架梁		
	踏脚木			4.5	3.6		用于歇山
	穿			2.3	1.8		用于歇山
	天花梁			6斗口+2/100长	4/5高		
	承重梁			6斗口+2寸	4.8斗口+2寸		用于楼房
	帽儿梁					4+2/100长	天花骨干构件
	贴梁		2		1.5		天花边框
枋类	大额枋	按面宽		6	4.8		
	小额枋	按面宽		4	3.2		
	重檐上大额枋	按面宽		6.6	5.4		
	单额枋	按面宽		6	4.8		
	平板枋	按面宽	3.5	2			
	金、脊枋	按面宽		3.6	3		
	燕尾枋	按出梢		同垫板	1		
	承椽枋	按面宽		5~6	4~4.8		

类别	构件名称	长	宽	高	厚	径	备注
枋类	天花枋	按面宽		6	4.8		《清式营造则例》称随梁
	穿插枋			4	3.2		
	跨空枋			4	3.2		
	棋枋			4.8	4		
	间枋	同面宽		5.2	4.2		用于楼房
桁檩类	挑檐桁					3	
	正心桁	按面宽				4~4.5	
	金桁	按面宽				4~4.5	
	脊桁	按面宽				4~4.5	
	扶脊木	按面宽				4	
瓜柱	驼墩	2 檩径	按上层梁厚加 2 寸	按实际	按实际		
	金瓜柱		厚加一寸	按上层梁收二寸	三架梁收二寸		
	脊瓜柱		同三架梁	按举架			
	交金墩		4.5 斗口		按上层桁厚收二寸		

类别	构件名称	长	宽	高	厚	径	备注
瓜柱	雷公柱	一步架	同三架梁厚	1/2~1/3脊瓜柱高	三架梁厚收二寸		庑殿用
	角背			2	1/3高		
垫板	由额垫板	按面宽	4		1		
	金、脊垫板	按面宽			1		金脊垫板也可随梁高而减
	燕尾枋		4		1		
角梁	老角梁			4.5	3		
	仔角梁			4.5	3		
	由戗			4~4.5	3		
	凹角老角梁			3	3		
	凹角梁盖			3	3		
椽飞	方椽、飞椽		1.5		1.5		
	圆椽					1.5	
连檐	大连檐		1.8	1.5			里口木同此
望板	小连檐		1				
瓦口							
衬头木					1.5望板厚		

类别	构件名称	长	宽	高	厚	径	备注
椽飞	顺望板				0.5		
连檐望板	横望板				0.3		
瓦口	瓦口				同望板		
衬头木	衬头木			3	1.5		
	踏脚木			4.5	3.6		
	穿			2.3	1.8		
	草架柱			2.3	1.8		
	燕尾枋			4	1		
歇山	山花板				1		
悬山	博缝板		8		1.2		
楼房	挂落板				1		
各部	滴珠板				1		
	沿边木			同楞木或加一寸	同楞木		
	楼板			1/2承重高	2寸		
	楞木	按面宽		1/2重量高	2/3自身高		

小式（或无斗拱大式）建筑木构件权衡表（单位：柱径 D）

表 1-2

类别	构件名称	长	宽	高	厚（或进深）	径	备注
柱类	檐柱（小檐柱）			11D 或 8/10 明间面宽		D	
	金柱（老檐柱）			檐柱高加廊步五举		D+1 寸	
	中柱			按实计		D+2 寸	
	山柱			按实计		D+2 寸	
	重檐金柱			按实计		D+2 寸	
梁类	抱头梁	廊步架加柱径一份		1.4D	1.1D 或 D+1 寸		
	五架梁	四步架加 2D		1.5D	1.2D 或金柱径加 1 寸		
	三架梁	二步架加 2D		1.25D	0.95D 或 4/5 五架梁厚		
	递角梁	正身梁加斜		1.5D	1.2D		
	随梁			D	0.8D		
	双步梁	二步架加 D		1.5D	1.2D		
	单步梁	一步架加 D		1.25D	4/5 双步梁厚		

类别	构件名称	长	宽	高	厚（或进深）	径	备注
梁类	六架梁			$1.5D$	$1.2D$		
	四架梁			5/6六架梁高或$1.4D$	4/5六架梁厚或$1.1D$		
	月梁（顶梁）	顶步架加$2D$		5/6四架梁高	4/5四架梁厚		
	长趴梁			$1.5D$	$1.2D$		
	短趴梁			$1.2D$	D		
	抹角梁			$1.2D\sim1.4D$	$D\sim1.2D$		
	承重梁			$D+2$寸	D		
	踩步梁			$1.5D$	$1.2D$		用于歇山
	踩步金			$1.5D$	$1.2D$		用于歇山
	太平梁			$1.2D$	D		
枋类	穿插枋	廊步架＋$2D$		D	$0.8D$		
	檐枋	随面宽		D	$0.8D$		
	金枋	随面宽		D或$0.8D$	$0.8D$或$0.65D$		
	上金、脊枋	随面宽		$0.8D$	$0.65D$		
	燕尾枋	随檩出梢		同垫板	$0.25D$		

类别	构件名称	长	宽	高	厚（或进深）	径	备注
檩类	檐、金、脊檩					D或$0.9D$	
	扶脊木			$0.8D$		$0.8D$	
垫板类	檐垫板老檐垫板				$0.25D$		
	金、脊垫板			$0.65D$	$0.25D$		
柱瓜类	柁墩	$2D$	0.8上架梁厚	按实计			
	金瓜柱		D	按实计	上架梁厚的0.8		
	脊瓜柱		D~$0.8D$	按举架	0.8三架梁厚		
	角背	一步架		$1/2$~$1/3$脊瓜柱高	$1/3$自身高		
角梁类	老角梁			D	$2/3D$		
	仔角梁			D	$2/3D$		
	由戗			D	$2/3D$		
	凹角老角梁			$2/3D$	$2/3D$		
	凹角梁盖			$2/3D$	$2/3D$		
椽望	圆椽					$1/3D$	
连檐瓦口	方、飞椽		$1/3D$		$1/3D$		
衬头木	花架椽		$1/3D$		$1/3D$		

27

类别	构件名称	长	宽	高	厚（或进深）	径	备注
椽望	罗锅椽		1/3D		1/3D		
连檐	大连檐		0.4D 或 1.2 椽径		1/3D		
	小连檐		1/3D		1.5 望板厚		
瓦口	横望板				1/15D 或 1/5 椽径		
	顺望板				1/9D 或 1/3 椽径		
衬头木	瓦口				同横望板		
	衬头木				1/3D		
	蹋脚木			D	0.8D		
	草架柱		0.5D		0.5D		
	穿		0.5D		0.5D		
歇山	山花板				1/3D～1/4D		
悬山	博缝板		2D～2.3D 或 6～7 椽径		1/3D～1/4D 或 0.8～1 椽径		
楼房	挂落板				0.8 椽径		
各部	沿边板				0.5D+1 寸		
	楼板				1.5～2 寸		
	楞木				0.5D+1 寸		

清式瓦、石各件权衡尺寸表

表 1-3

构件名称	高	宽	厚	备注
台基明高（台明）	1/5柱高或2D			
挑山山出		2.4D或4/5上出		指台明山出尺寸
硬山山出		1.8倍山柱径		指台明山出尺寸
山墙			2.2D～2.4D	指墙身部分
裙肩	3⅔D			又名下碱
墀头		1.8D减金边宽加咬中尺寸	上身加花碱尺寸	
槛墙	1.5D		1.5D	
陡板			1.5D	指台明陡板
阶条		1.2D～1.6D	0.5D	
角柱		同墀头下碱宽	0.5D	
押砖板	裙肩高减押砖板板厚	同墀头下碱宽	0.5D	
挑檐石	0.75D	同墀头上身宽	长=廊深+2.4D	
腰线石	0.5D	0.75D		
垂带		1.4D或同阶条	0.5D	厚指斜厚尺寸
陡板土衬		0.2D		
砚窝石		10寸左右	4～5寸	
踏跺		10寸左右	4～5寸	
柱顶石		2D见方	D	鼓镜1/5D

深五尺以上，起算为5算。

提栈是以三尺五寸为基数。柱高一丈，提栈三尺五寸×0.35＝1225mm。民房六界者，用3.5算；4算；4.5算定之。七界者，用5算；6算；7算定之。

厅堂——厅堂前必有轩；扁木料为厅，圆木料为堂。

扁作厅——房间大，木架华丽，为富庶之家之能是。用于祠堂时，檐柱安装窗扇，金柱安装"挂落"。

亭子——五角亭，提栈以五举起算；六角亭、八角亭，提栈以六算。

廊子——柱高约按开间的6/10。廊深约四尺（1280mm），柱高折半。

廊深七尺（2240mm）应设短墙，墙上设洞口，里外隐约窥视景物，曲折迂回。

南式建筑《营造法原》"发戗"截面尺寸：高4寸(15.13cm)，宽6寸（16.5cm）。

嫩戗长度按3倍正身飞檐长，嫩戗根部为老戗的0.8倍，上端是根部的0.8倍。老戗与嫩戗的链接角度为120°～130°。

梁端的梁垫，不作蜂头，另一边作斗拱，承托梁端，有一斗三升、一斗六升之分。

苏州建筑使用木料：一鲁班寸＝27.5mm；一鲁班尺＝275mm。

（三）与木作相关的基本专业知识

（1）瓦作的滴水以开间中线开始向两侧排列。

（2）石作外围柱顶石摆放与木作外围柱子掰升。

（3）瓦作宕瓦调脊与角梁安装砍熊背。

（4）瓦作角脊宕瓦调脊与角梁头出进尺寸。

（5）瓦作施工与戗杆的绑解时机。

（6）油饰作业与木构件的含水率、砍斧迹。

（四）木作工程识图

1. 平面图（平面轴线尺寸、标高、柱径、地面排砖、散水等）（图 2-26）。

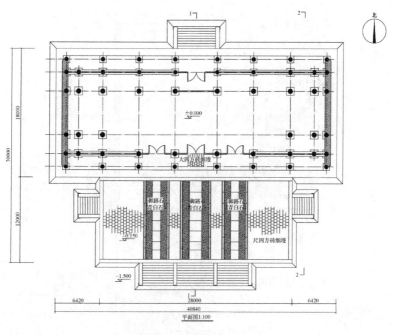

图 2-26　平面图（北方）

2. 剖面图（台明高度、台明出沿、柱高、屋顶出檐、步架、举架、各点标高）（图 2-27、图 2-28）。

3. 立面图（立面各部标高部位材料做法）（图 2-29、图 2-30）

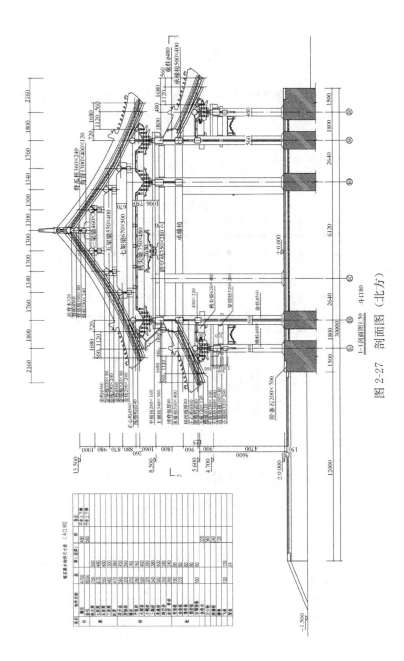

图 2-27 剖面图（北方）

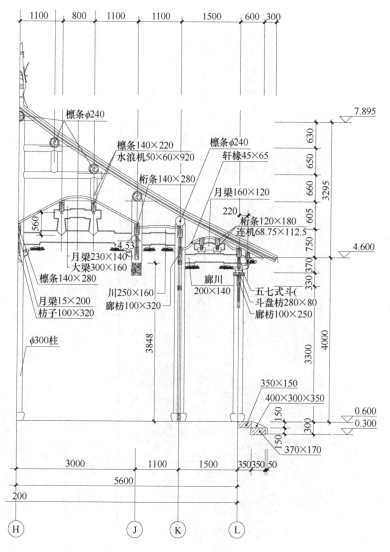

图 2-28　天籁堂 1-1 剖面图 1∶50

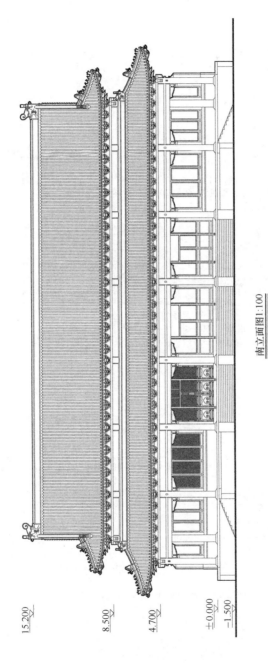

15.200

8.500

4.700

±0.000
−1.500

南立面图1:100

图 2-29 立面图（北方）

34

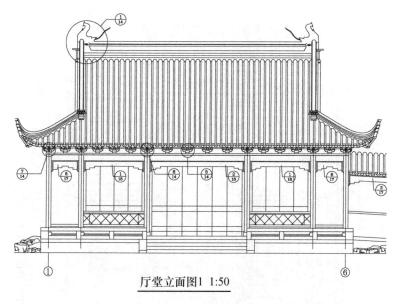

厅堂立面图1 1:50

图 2-30　立面图（南方）

4. 木作详图（图 2-31～图 2-38）

（1）节点详图（歇山收山的做法及尺寸详图）。

（2）斗拱详图（带尺寸的斗拱详图）。

（3）翼角详图（带尺寸和标注的翼角平面详图）。

（4）门、窗装修详图（大门或格栅详细节点）。

（5）特殊部位节点做法。

（6）雀替、花牙子、角云等雕饰详图。

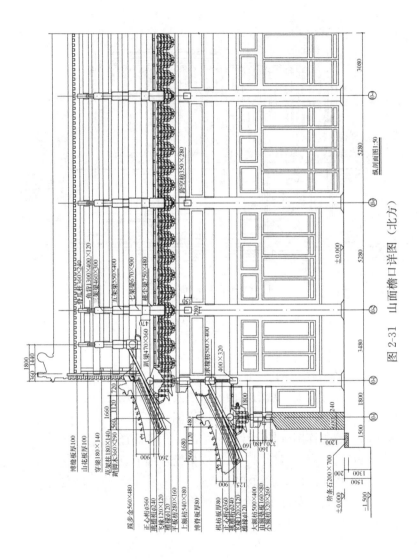

图 2-31 山面檐口详图（北方）

纵剖面图1:50

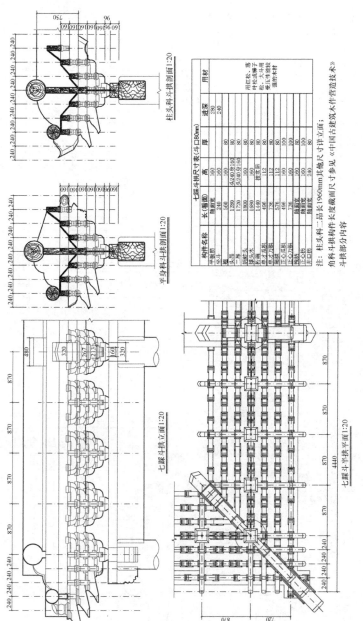

图 2-32 斗栱详图（北方）

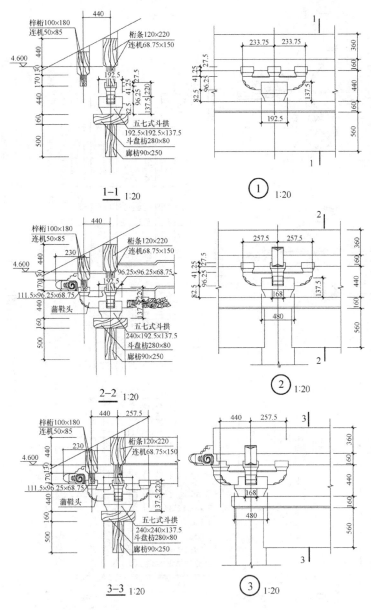

图 2-33 ①～③斗拱详图组图（南方）

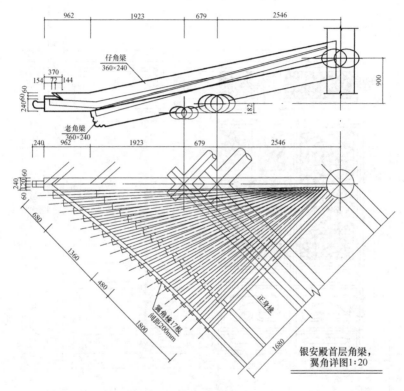

图 2-34　角梁平面图（北方）

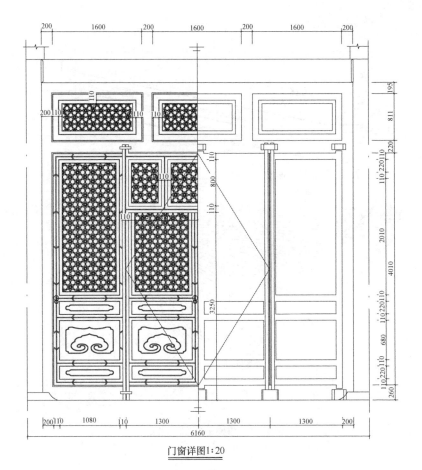

门窗详图1:20

图 2-35 门、窗装修详图（北方）

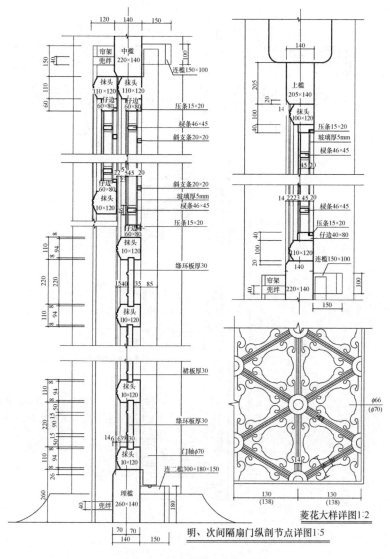

菱花大样详图1:2

明、次间隔扇门纵剖节点详图1:5

图 2-36　门、窗节点图（北方）

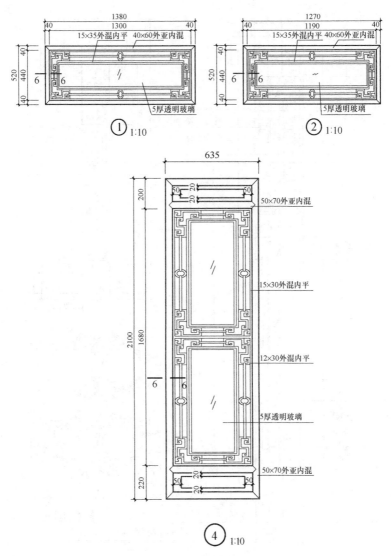

图 2-37 门、窗装修详图（南方）

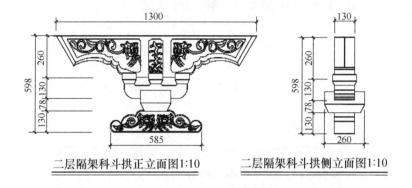

二层隔架科斗拱正立面图1:10　　二层隔架科斗拱侧立面图1:10

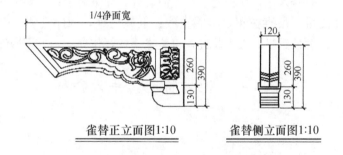

雀替正立面图1:10　　　　雀替侧立面图1:10

图 2-38　雀替等详图（北方）

（五）文物保护相关规定

（1）不改变原状的原则。

（2）不同时期木构件的时代特征。

（3）柱子与柱头的做法特征。

（4）梁头的做法特征。

（5）大木榫卯做法特征（榫卯、椽头、望板、里口木、闸挡板等）。

（6）斗拱的做法特征（斗颤、昂、拱眼等）。

（六）木作安装知识

（1）大木位置号标写知识（柱、梁、枋、檩等大木位置号标写）。

（2）构件存放、运输及安装前构件入位。

1）大木码放的知识：垫平、垫稳、防潮、防晒、通风。

2）大木运输知识：运输中榫卯的保护。

3）安装前大木构件入位（将构件放在相应位置待安）。

安装顺序及注意事项：

对号入座，切记勿忘；先内后外，先下后上；下架装齐，验核丈量；吊直拨正，牢固支戗；上架构件，顺序安装；中线相对，勤校勤量；大木装齐，再装椽望；瓦作完工，方可撤戗。

（七）地方特色，年代特征

1. 地方特色

（1）官式建筑特征

1）用料足尺、规范讲究、符合权衡尺度要求；

2）严格按照《工程做法》中的要求制作，禁止偷工减料。

3）南方官式建筑遵循《营造法原》为多。

（2）地方建筑特征

1）用料较随意，不甚讲究，因材施作成分较多，地域建筑遵循地方做法。

2）有一定制作规矩和程式，但不是严格按照《工程做法》要求制作，而是遵循当地多年形成的规矩；

2. 年代特征

（1）唐代建筑特征：屋顶平缓、出檐深远，斗拱粗壮硕大、建筑大气雄浑。

（2）宋代建筑特征：大多严格遵循《营造法式》，做法较唐代细腻，注重装饰彩画。

（3）明代建筑特征：明承宋制，保留较多宋代建筑手法，但构架斗拱分工明确，榫卯做法考究。

（4）清代建筑特征：较明代建筑做法简化，榫卯做法不太讲究，注重功能。

三、古建筑常用材料和工具

（一）古建筑常用木材及特性

1. 树木的分类及性质

一般可将树木分为针叶树和阔叶树两大类。

针叶树树干通直，易得大材，强度较高，体积密度小，胀缩变形小，其木质较软，易于加工，常称为软木材。

阔叶树大多为落叶树，树干通直部分较短，不易得大材，其体积密度较大，胀缩变形大，易翘曲开裂，其木质较硬，加工较困难，常称为硬木材。

2. 木材的缺陷

（1）节子

包含在树干或主枝木材中的枝条部分，称为节子。按节子质地及其和周围木材的结合程度分为活节、死节和漏节。

（2）虫害

各种昆虫在木材上所蛀蚀的孔道叫虫孔或虫眼。虫眼可分为表皮虫沟、小虫眼和大虫眼。小虫眼：指虫孔的最大直径不足3mm，大虫眼：指虫孔最小直径在 3mm 以上。虫害对材质有一定的影响。

（3）裂纹

木材纤维与纤维之间的分离所形成的裂隙称为裂纹。裂纹按类型分为经裂、轮裂、干裂和斜裂。

（4）腐朽

木材由于木腐菌的侵入，逐渐改变其颜色和结构，使细胞壁受到破坏，物理、力学性质随之发生变化，最后变得松软易碎，呈筛孔状或粉末状等形状，此种状态称为腐朽。

3. 木材的防腐方法

（1）木材防腐剂是一种化学药剂，在将它注入木材中后，可以增强木材抵抗菌腐、虫害、海洋钻孔生物侵蚀等的作用。防腐剂的形态可分为固体防腐剂、液体防腐剂与气体防腐剂。

（2）木材防腐剂的要求：一种好的防腐剂应当具备以下一些基本条件，毒效大、安全性高、渗透性强、腐蚀性低、持久性与稳定性好。

4. 木材的含水率规范要求

（1）含水率

木材的含水量用含水率表示，指木材所含水的质量占木材干燥质量的百分比。所含水分由自由水、吸附水、化合水三部分组成。

（2）含水率指标

影响木材物理力学性质和应用的最主要的含水率指标是纤维饱和点和平衡含水率。木材含水率一般为 $25\%\sim35\%$，平均值为 30%。它是木材物理力学性是否随含水率而发生变化的转折点。

5. 木材的干燥方法

木材在使用前，应进行干燥处理，这样不仅可以防止弯曲变形和裂缝，还能提高强度，便于防腐处理与油漆加工等，以延长木制工程的使用年限。木材的干燥。选择天然干燥法和人工干燥法。

（1）天然干燥法

可为自然大气干燥和强制大气干燥，天然干燥法在一般情况下，原木需要半年的时间。锯成板材后大约需要三个月。

（2）人工干燥法

人工干燥法，是人为打破自然干燥的环境，强制干预使木材干燥的方法，常用的人工干燥法有：1）水煮法；2）蒸汽法；3）烟熏法；4）热风法；5）瓦斯法；6）过热蒸汽法。

6. 木材缺陷规避与利用

（1）节子的缺陷、规避和利用

木材拥有节子是一种非常正常的现象，评定木材等级高低的重要因素之一就是节子。一般来说，对于木材质量影响最小的节子为活性节子，质量影响较大的是死节。

（2）蛀孔、虫眼的缺陷、规避和利用

在木材表面的虫眼或虫沟，及内部直径小于 3mm 的虫眼，在对原木锯解或者旋切后，常常会随着板皮或板条等废材除去，这种对木材的利用不会产生影响。

综上所述，由于我国社会主义市场经济快速发展，人们日常生活水平越来越高，对于木材以及木材生产的需求日益增长。另外部分木材生产时，对于存在缺陷的木材在一定的科技技术支持下，能够尽量合理的进行利用，就可以将废料变为材料，从而获得较好的经济收益。

（二）古建筑常用木工手工具使用及维修

1. 划线工具（表 3-1）

木工常用划线工具　　　　　　　表 3-1

名称	简图	用途及说明
铅笔		木工铅笔的笔杆呈椭圆形，使用前将铅心削成扁平形，划线时要使铅心扁平面沿着尺顺画，笔尖宜细不宜粗

名称	简图	用途及说明
勒线器	勒子档 小刀片 勒子杆 活楔	由勒子档、勒子杆、活楔和小刀片等部分组成。勒子档多用硬木制成，中凿孔以穿勒子杆，杆的一端安装小刀片，杆侧用活楔与勒子档楔紧
墨斗	定针	由圆筒、把、线轮和定针等组成
墨线		弹线时，将定针固定在画线的木板的一端，另一端用手指压住，然后拉弹线绳因线绳饱含墨汁，线绳拉弹放下
墨青，又称 篾青、画扦 （俗称斩 木剑）		木工划线用的画扦由青毛竹削做，笔杆呈椭圆形，画扦头削成扁平形，划线时要使画扦心扁平面沿着尺顺画。画扦主要用来划线及按压墨斗内墨盒使线上墨更均匀，其画出来的墨线耐久、清晰易保存

2. 丈量工具 （表 3-2）

木工常用丈量工具　　　　　　　　　　表 3-2

名称	简图	用途及说明
钢卷尺		由薄钢片制成，装置于钢制或塑料制成的圆盒中。大钢卷尺长度有 10m、20m、30m、50m 等，小钢卷尺长有 1m、2m、3m、5m 等

名称	简图	用途及说明
木折尺		木折尺用质地较好的薄木板制成，可以折叠，携带方便。使用木折尺需注意拉直，并贴平面物。 传统木工尺：采用竹板或骨头制作，（是传统的丈量工具）一尺为 10 寸。一寸为现在公尺的 3.2 厘米。 鲁班尺：尺长约 42.9 厘米，相传为春秋鲁国公鲁班所作，后经风水界加入八字，以丈量房宅吉凶，并呼之为"门公尺"
角尺		有木制和钢制两种。一般尺柄长 15cm～20cm，尺翼长 20cm～40cm，柄、翼互成垂直，用于画垂直线、平行线及检查平整正直
三角尺		尺的宽度均为 15～20cm，尺翼与尺柄的交角为 90°，其余两角为 45°，用不易变形木料制成。使用时使尺柄贴紧物面边棱，可画出 45°及垂直线
活络三角尺（活尺）		可任意调整角度，用于划线。尺翼长一般为 30cm，中开有长孔，尺柄端部亦有槽口，以螺栓与尺翼连接。 使用时，先调整好角度，再将尺柄贴紧物面边棱，沿尺翼画出所需角度的斜线

名称	简图	用途及说明
水平尺	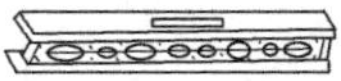	尺的中部及端部各装有水准管，当水准管内气泡居中时，即成水平。用于检验物面的水平或垂直
线锤		用金属制成的正圆锥体，在其上端中央设有带孔螺栓盖，可系一根细绳，用于校验物面是否垂直。使用时手持绳的上端，锤尖向下自由下垂，视线随绳线，如绳线与物面上下距离一致，即表示物面为垂直

3. 手工工具（表3-3～表3-7）

（1）斧的种类和用途

表3-3

名称	简图	用途及说明
双刃斧	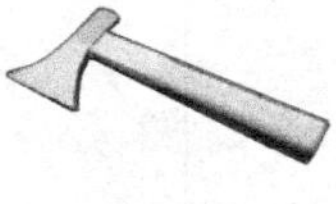	刃锋在中间，能向左或向右两面砍劈木材。一般用于工地支模、做屋架、砍木桩等
单刃斧		刃锋在一面，适合砍，不适合劈，砍时只能向一面砍。吃料容易，木料易砍直，适用于家具制作等

（2）锯的种类和用途表

表 3-4

类别	简图	名称	锯片长 (mm)	特征	用途
木框锯	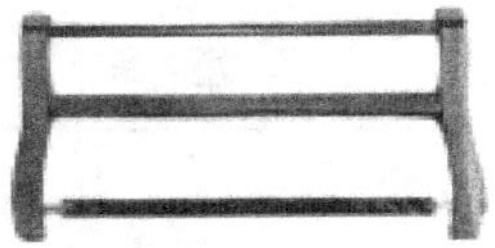	大锯	800~850	纵锯	顺纹锯割较厚的木料
		二锯	600~650	横锯	锯割薄木料或开榫头
		表条锯	500 以下	纵、横锯	开榫头及断肩
		曲线锯	700~800	锯曲线	锯一般圆弧曲线
		挖锯			锯解梁头、槽窝、罗锅椽等 有圆形部分的构件
手锯		板锯		纵、横锯	用于锯割较宽的木板

52

続表

类别	简图	名称	锯片长 (mm)	特征	用途
钢丝锯	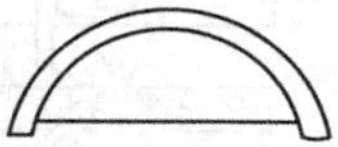	弓锯 （馒弓子）			锯弧度过大的曲线、切割细小空心花饰及开榫头、夹皮等
开孔锯		线锯			割物件心内的方孔、圆孔
双人锯	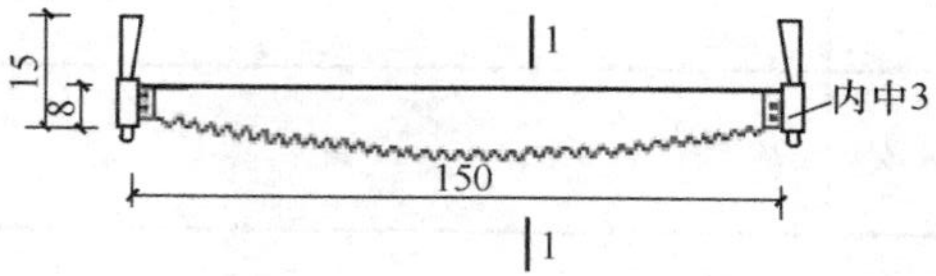	过山龙 （截锯）			一般用于截断木料，需要二人合作，锯条较宽，锯齿方向为中间走两边入字形，并向两侧对开锯路

53

（3）刨的种类和用途

表 3-5

| 类别 | 简图 | 名称 | 规格尺寸（mm） | | | 用途 |
			L	h	b	
平面刨	 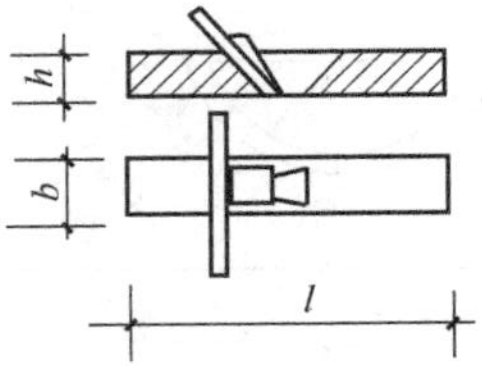	粗刨	260	50	60、65	刨去木料上的锯纹、毛糙和个别突出部分，使之大致平整
		中刨	400	50	60、65	将木料刨到需要的尺寸，并使其表面达到基本光洁
		光刨	150	50	60、65	修光木料表面使其平整光滑
		大刨	600	50	60、65	一般分两种，粗长刨与细长刨。粗长刨用于长木料的刨削之用，细长刨用于光面与拼板直缝之用

54

类别	简图	名称	规格尺寸（mm）			用途
			L	h	b	
槽刨		槽刨	200	50	35	是用在木料上刨削沟槽的工具，可刨沟槽的宽度一般为3～10mm，深10～15mm
线角刨单线刨	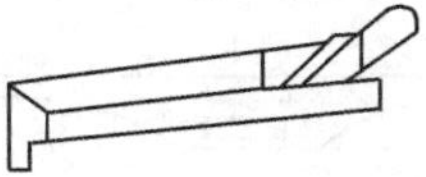 	线刨	200	60	20～40	能刨出各种各样的线脚，有二刀刨和单刀刨、双手刨和单手刨，如木角线、二四线、样线、文武线、芝麻线等
裁口刨		边刨	300		40	适于刨削木构件的裁口

55

类别	简图	名称	规格尺寸（mm）			用途
			L	h	b	
轴刨 秋刨		滚刨	240			刨削弯曲工作面的工具
一字刨 （滚刨）	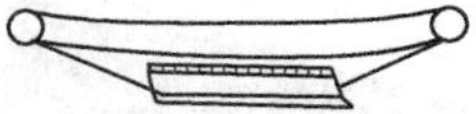 滚刨 (a) 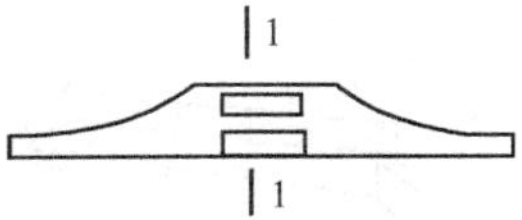 滚刨上平面 （一字刨） (b) 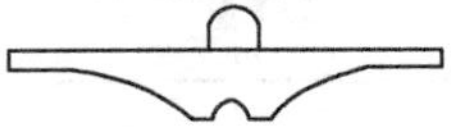 一字刨线刨 (c)	一字刨 （滚刨）				用于圆形或弧形的构件起面起线，刨子长度较短易转弯，外形似一字形，俗称一字刨

56

（4）凿的种类

表 3-6

种类	简图	名称	刃口宽度（mm）	用途
平凿	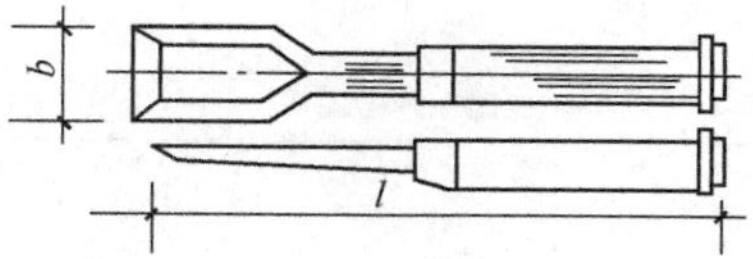	宽刃凿	19 以上	适合凿宽眼及深槽
	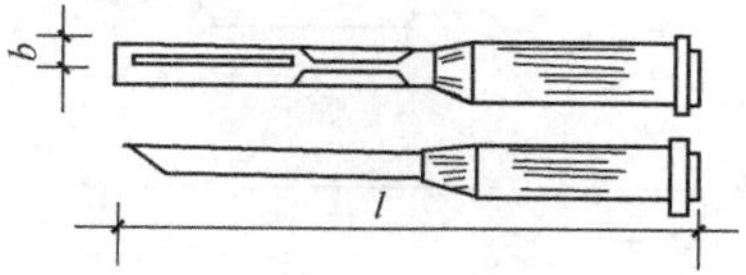	窄刃凿	3～16	适合凿较深的眼及槽
	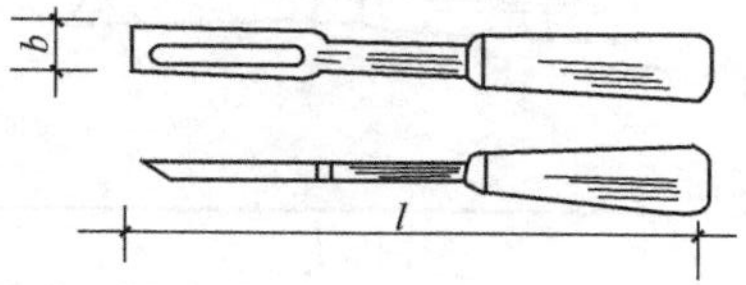	扁铲	12～30	适合切削榫眼的糙面、修理肩、角、线等

种类	简图	名称	刃口宽度 (mm)	用途
斜凿	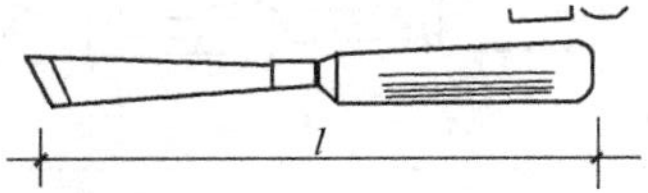	斜刃凿		可作倒棱、剔槽、雕刻之用
圆凿	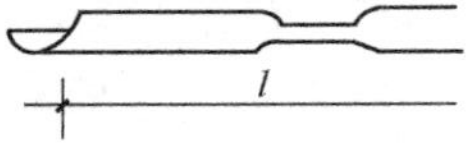	内圆凿		可以切削圆槽
	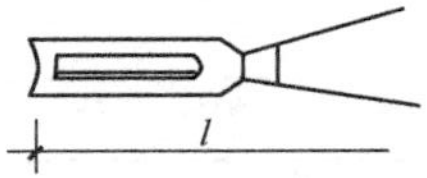	外圆凿		用以凿圆孔及雕刻

58

（5）钻的种类

表 3-7

名称	简图	钻孔直径 (mm)	用途及说明
手钻	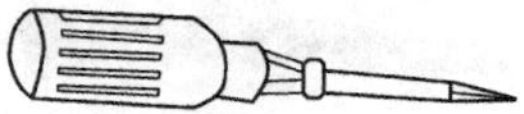		手持木把直接钻孔，用于装钉五金件前的钻手钻孔定位
螺纹钻	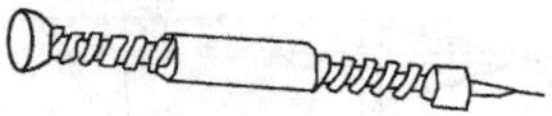	3～6	上下移动钻套，使钻身沿着螺纹方向转动，适用于钻小孔
弓摇钻	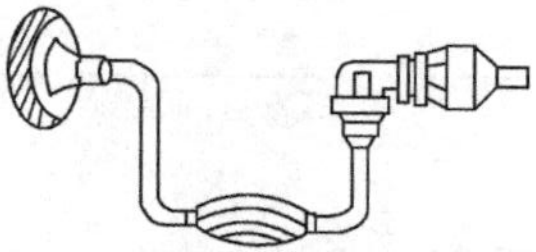	6～20	摇动手把即可钻眼，适用于钻木料上的孔眼
螺旋钻 木尾钻	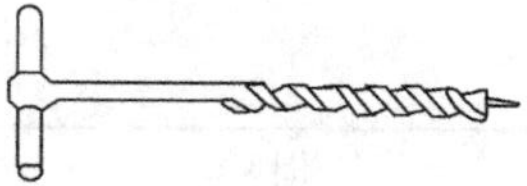	8～50	木件上钻圆孔

59

名称	简图	钻孔直径（mm）	用途及说明
手摇钻	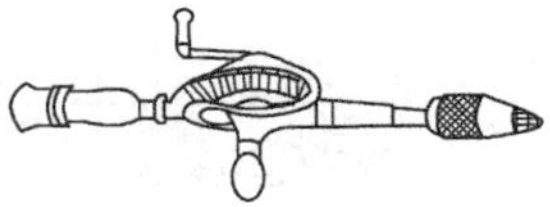	6～20	木件上钻圆孔
牵钻、舞钻、木工拉杆钻	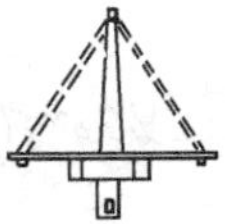 (a) 舞钻 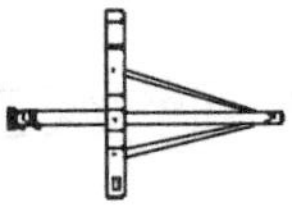　(b) 牵钻 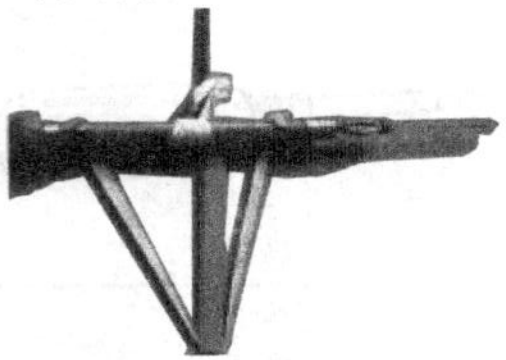		常用来打眼。如门窗板的拼钉眼、拼枋的钉眼、门窗槛的孔眼，穿傻弓子用

（三）古建筑常用木工机械的操作及保养

1. 锯割机械

锯割机械是用来纵向或横向锯割原木或方木的加工机械，一般常用的有带锯机、吊截锯机、手推电锯和圆锯机。

（1）圆锯机的构造

圆锯机由机架、台面、电动机、锯比、防护罩等组成，如图 3-1 所示。

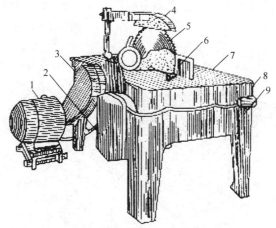

图 3-1　手动进料圆锯机

1—电动机；2—开关盒；3—皮带罩；4—防护罩；5—锯片；
6—锯比；7—台面；8—机架；9—双联按钮

（2）圆锯片

圆锯机所用的圆锯片的两面是平直的，锯齿经过拨料，用来作纵向锯割或横向截断板、方材及原木，是广泛采用的一种锯片。

（3）应注意的安全事项

1）锯片上方必须安装保险挡板和滴水装置，在锯片后面，离齿 10mm～15mm 处，必须安装弧形楔刀。锯片的安装应保持与轴同心。

2）锯片必须保护锯齿尖锐，不得连续缺齿两个及以上，裂纹长度不得超过 20mm，裂纹末端应冲止裂孔。

3）被锯木料厚度，以锯片能露出木料 10mm～20mm 为限，夹持锯片的法兰盘的直径应为锯片直径的 1/4。

2. 刨削机械

刨削机械主要有压刨机、平刨机和四面刨床等，这里主要介绍平刨机。平刨机主要用途是刨削厚度不同的木料表面。

（1）平刨机的构造

平刨又名手压刨，它主要由机座、前后台面、刀轴、导板、台面升降机构、防护罩、电动机等组成，如图 3-2 所示。

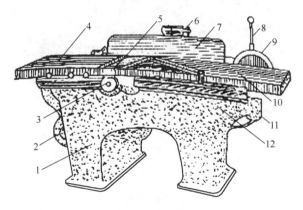

图 3-2 平刨机

1—机座；2—电动机；3—刀轴轴承座；4—工作台面；5—扇形防护罩；

6—导板支架；7—导板；8—前台面调整手柄；9—刻度盘；10—工作台面；

11—电钮；12—偏心轴架护罩

（2）平刨机安全防护装置

平刨机采用手推工件前进的方式，为了防止操作中伤手，必须装有安全防护装置，确保操作安全，平刨机的安全防护装置常用的有扇形罩、双护罩（图 3-3）、护指键等。

（3）平刨机的操作

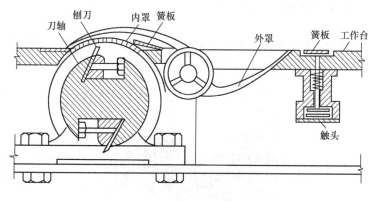

图 3-3 双护罩

1）操作前，应全面检查机械各部件及安全装置是否有松动或失灵现象，如有问题，应修理后使用。

2）操作时，人要站在工作台的左侧中间，左脚在前，右脚在后，左手压住木料，右手均匀推送。当右手离刨口 150mm 时即应脱离料面，靠左手用推棒推送。

3）刨削时，先刨大面，后刨小面；木料退回时，不可使木料碰到刨刃。

4）平刨机发生故障时，应切断电源并仔细检查及时处理，要做到勤检查、勤保养、勤维修。

（4）应注意的安全事项

1）作业前，检查安装防护装置必须安全有效。

2）刨料时，手应按在木料的上面，手指必须离开刨口 50mm 以上。

3）被刨木料的厚度小于 30mm，长度小于 400mm 时，应用压板或压棍推进。厚度在 15mm、长度小于 250mm 的木料，不得在平刨机上加工。

4）机械运转时，不得将手伸进安全挡板里侧去移动挡板或拆除安全挡板进行刨削。严禁戴手套操作。

3. 打孔机械

（1）钻（图 3-4）

手提式电钻基本上分为两种：一种是微型电钻；另一种是电动冲击钻，手提式电钻是开孔、钻孔、固定的理想工具。

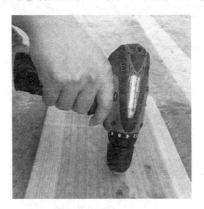

图 3-4　打孔机械

（2）注意事项

微型电钻适用于金属、塑料、木材等钻孔，电子型号不同，钻孔的最大直径为 13mm。电动冲击钻适用于金属、塑料、木材、混凝土、砖墙等钻孔，最大直径可达 22mm。

操作时先接上电源，双手端正机体，将钻头对准钻孔中心，打开开关，双手加压，以增加钻入速度。

4. 其他电动工具（图 3-5～图 3-7）

图 3-5　电刨

图 3-6　木工铣机

图 3-7　电锯

四、大木构架（北方、南方）

（一）大木基础知识（北方）

1. 木构建筑的特点

木构建筑由柱、梁、枋、檩、板、椽、望板以及斗拱等多种构件组成。这些构件功能不同，它们的形状不同且在建筑物中所在的位置不同，构件之间凭榫卯结合在一起，形成一副完整的木构建筑骨架。

2. 大木构件受力知识

柱类构件竖纹受压，梁类构件受弯，檩类构件受弯，枋类构件起拉结作用，榫卯部分受剪，椽类构件受弯。

3. 榫卯的种类

（1）固定垂直构件的榫卯（管脚榫）。

（2）水平构件与垂直构件相交使用的榫卯（馒头榫、半榫、透榫、燕尾榫）。

（3）水平构件互交部位常用的榫卯［十字刻半榫、十字卡腰榫、檩子大头榫（卯）、檩子搭交榫、单面/双面箍头榫、勾头搭掌榫等］。

（4）水平或倾斜构件重叠稳固所用的榫卯（销子榫、穿销榫）。

（5）用于板缝拼接的几种榫卯（穿带、银锭）。

4. 丈杆的作用及制备

总丈杆、分丈杆（图4-1）：

丈杆的作用是古建筑大木制作和安装时使用的一种既有施工图的作用又有度量功能的特殊工具。总丈杆上反映出建筑物

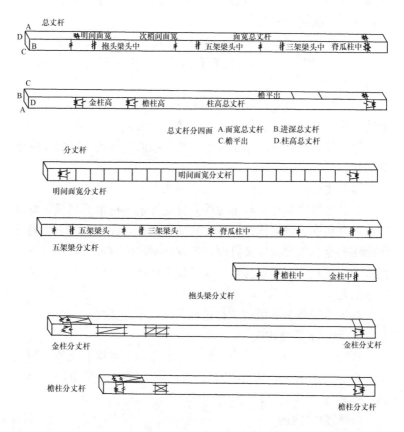

图 4-1　丈杆的种类及排法

的面宽、进深、柱高等主要尺寸，它标注着建筑物高宽进深的总尺寸。分丈杆是标注具体构件各部尺寸的丈杆，相当于施工图中的具体图纸及施工详图，是用于划线和安装大木校核尺寸的工具。

　　排总丈杆：

　　将四面刨光的木杆选任意一面，排出面宽尺寸。先明间，将明间面宽实际尺寸标画在丈杆上，然后标注出次间面宽，以明间一端尺寸为准，在另一端画出次间面宽的实际尺寸，画上中线符号，注明"次间面宽"。

第二面，标画进深尺寸。进深尺寸即是梁的长度尺寸（柱侧脚尺寸不包括在内）。如该建筑有前后廊，则进深尺寸应是包括前后廊在内的通进深。

第三面，标画柱高尺寸。柱高应包含檐柱、金柱，如有重檐金柱，应标画出重檐金柱的尺寸及榫卯位置。

第四面，可标画出檐出尺寸，带斗拱的建筑还应标出斗拱出踩尺寸。

排分丈杆：

排分丈杆要从总丈杆上过线到分丈杆，不得重新划线，要求过线尺寸精准、没有误差。分丈杆用途具体，因此应将上面的符号标注齐全。如排面宽丈杆时，不仅应画出面宽尺寸，还应画出檩子燕尾榫长度、卯口深度、椽子位置线等，中线、截线也必须标画清楚。

在大木制作和安装的全部过程中都离不开丈杆。

5. 屋面木基层构造

屋面木基层包括：椽类，檐椽、花架椽、脑椽、飞椽、罗锅椽、板椽；连檐类，大小连檐、里口木、瓦口、翼角椽、翘飞椽、望板等（图4-2）。

6. 翼角的构造

翼角是古建筑屋面在转角部位的特殊形态，主要由角梁、翼角椽、翘飞椽、大、小连檐以及望板等构件组成。

翼角多见于庑殿、歇山、多边形、攒尖建筑。硬山、悬山及圆形建筑没有翼角。

翼角椽是檐椽在转角处的特殊形态。贴近角梁的翼角椽为第一根翼椽，与正椽身相邻的翼角椽为最末一根翼角。翼角椽由最末一根起，椽头渐次翘起，并向外冲出直至接近老角梁梁头的翘起高度和挑出长度（图4-3、图4-4）。

翘飞椽是正身飞椽在转角部位的特殊形态，其根数与位置均

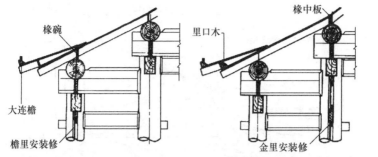

椽碗

大连檐

檐里安装修

檐里安装修时，须在檐檩上安置椽碗

里口木

椽中板

金里安装修

金里安装修时，在檐椽与花架椽之间安椽中板

椽碗

里口木

椽飞、连檐、瓦口、椽碗、椽中板

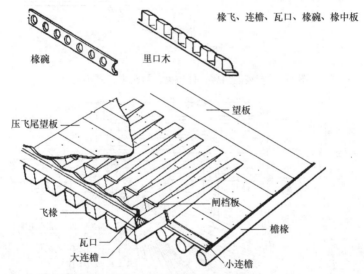

压飞尾望板

望板

飞椽

闸档板

瓦口

大连檐

小连檐

檐椽

椽、飞、望、大小连檐、闸档板等件组合示意

图 4-2　檐椽、飞椽、连檐、瓦口、闸档板等件构造及组合

与翼角椽一一相对，并渐次冲出、翘起至仔角梁的翘起高度和冲出长度。

角梁是翼角部分的骨干构件，承担着翼角部分的荷载，同时决定着翼角的整体形态。

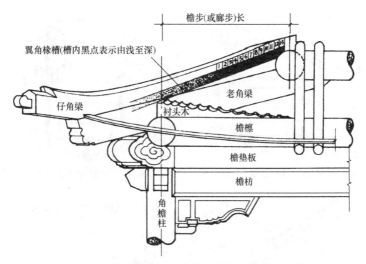

图 4-3　安装老角梁、仔角梁、衬头木、缥小连檐

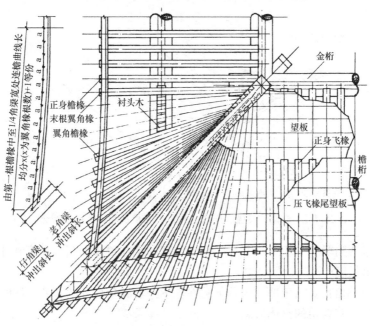

图 4-4　翼角、翘飞椽安装平面示意

（二）大木基础知识（南方）

1. 木构建筑的特点

木构建筑由柱、梁、枋、檩、板、椽、望板以及斗拱等多种构件组成，这些构件功能不同、形状不同并且在建筑物中所在的位置不同，构件之间凭榫卯结合在一起，形成一座完整的木构建筑骨架。

优点：1）取材方便。2）适应性强。3）抗震性能好。4）施工速度快。5）便于修缮、搬迁。

（1）结构特点：中国古代建筑以木构架为主，构成富有弹性的框架。有抬梁、穿斗的结构方式。抬梁式是在立柱上架梁，梁上又抬梁，所以称为"抬梁式"。宫殿、坛庙、寺院等大型建筑物中常采用这种结构方式。穿斗式是用穿枋把一排排的柱子穿连起来成为排架，然后用枋联接而成，故称作穿斗式。多用于民居和较小的建筑物（图4-5）。

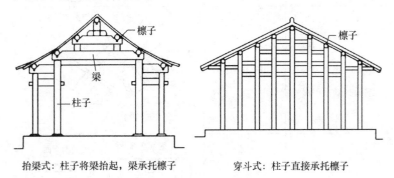

抬梁式：柱子将梁抬起，梁承托檩子　　穿斗式：柱子直接承托檩子

图4-5　抬梁式、穿斗式构造

（2）造型特点：中国木结构古建筑的造型优美，尤以屋顶造型最为突出，主要有歇山、悬山、硬山、攒尖等形式。南方建筑以私家园林为主，以精致小巧为主要特点，讲究细节，木材用量相对较小。

2. 大木构件的受力知识

柱类构件竖纹受压，梁类构件受弯，檩类构件受弯，枋类构件起拉结作用，榫卯部分受剪，椽类构件受弯。

3. 榫卯的种类（表 4-1）

榫卯的种类 表 4-1

序号	榫卯的种类	使用部位及功能	相关图解
1	羊角榫（燕尾榫）	一种用于柱与枋的连接，另一种用于桁条与桁条连接	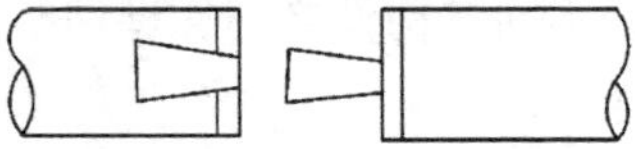 一式上面 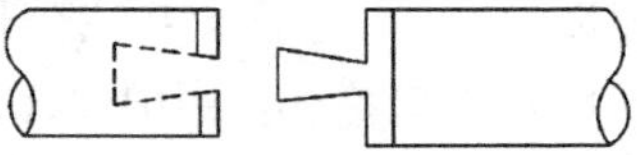 一式底面
2	平肩直叉	用于柱与枋的连接	 羊脚榫枋子与柱连接
3	拷交	用于转角连接	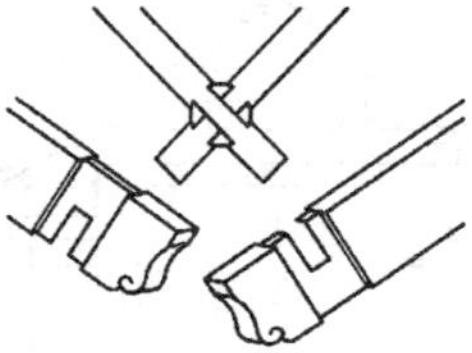 枋子拷交
4	箍头	用于梁与柱的连接	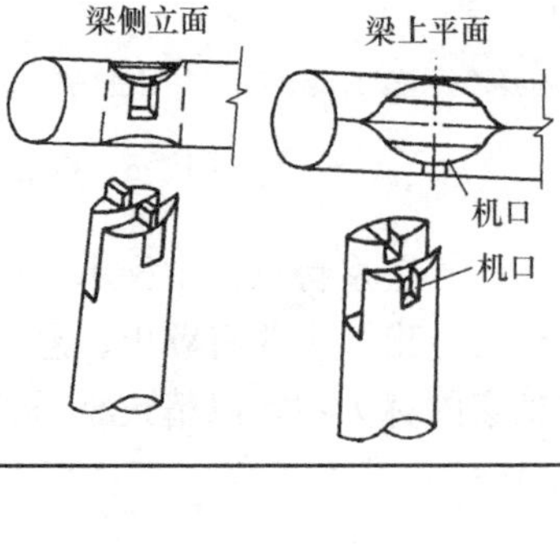 梁侧立面　梁上平面　机口　机口

序号	榫卯的种类	使用部位及功能	相关图解
5	直榫，分半榫和透榫	用于小木装修	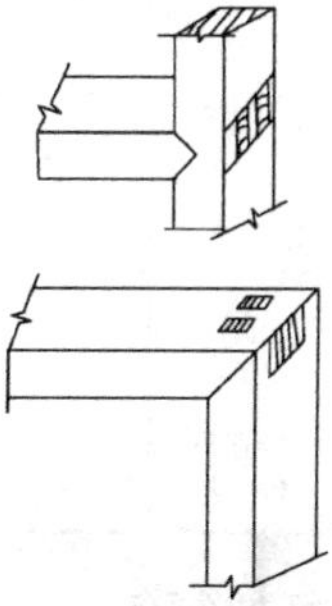
6	削皮割角、大割角、割角插榫	用于小木装修	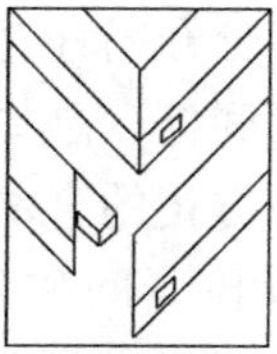 **大割角**
7	直叉	用于小木装修	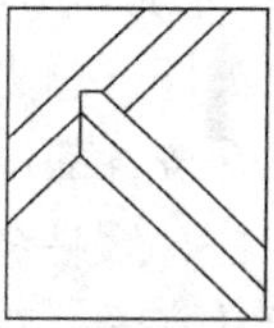 **割角直叉**
8	虚叉	用于小木装修	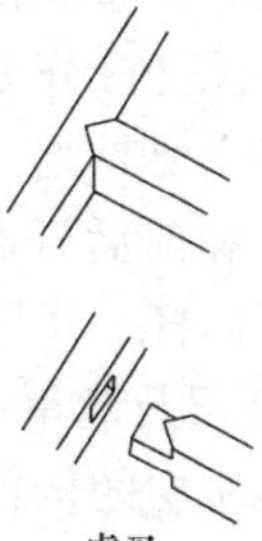 **虚叉**

序号	榫卯的种类	使用部位及功能	相关图解
9	拷交	用于小木装修	拷交(合把哨)　　拷交(平肩头)

4. 丈杆的制备

丈杆中分开间杆、柱头杆、进深杆、架份杆等。

（1）开间杆（总丈杆）

用比较方正的直木条，断面尺寸一般二寸宽，八分至一寸左右厚，长度比开间的正间长一至二尺。在大面上划出尺、寸、分，再在另一面上按正间开间的长度在杆上划出，并在中线标明中心记号（中）。如边间与正间合用一杆的，可分正反两大面（宽的两面）分别划出，亦可各立杆分别使用。

（2）柱头杆（总丈杆）

柱头杆是按各部位的柱子长短划出高度和榫眼尺寸的杆。如将脊柱、步柱、廊柱各自的高度尺寸分别划出，并标出机面尺寸、提栈尺寸、梁、双步、金川等端部尺寸和榫眼位置其中夹底梁垫、夹堂板、连机、枋子、上槛的高度位置和用榫的方位，并在榫眼处划好穿通眼和半榫眼的记号。

（3）进深杆（分丈杆）

进深杆主要是划出如六架梁长度和四架梁长度，包括双步梁、山界梁和前后轩廊架的进深尺寸。并标明中心记号（中）。进深杆和开间杆一样做平盘平面尺寸杆，并作为地中的标准。

5. 木基层及戗角的构造（图 4-6）

屋面木基层的构件包括：椽子、望板、眠檐（大连檐）、勒望、里口木（小连檐）、瓦口板、摔网椽（翼角椽）、立脚飞（翘飞椽）、卷饯板等构件。

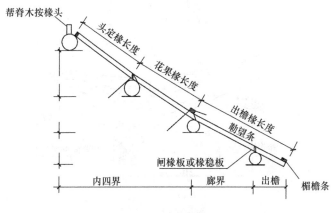

图 4-6　木基层

6. 饯角的构造（图 4-7）

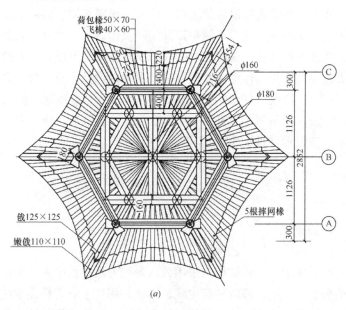

(a)

图 4-7　饯角（南方）（一）

（a）六角亭饯角仰视图

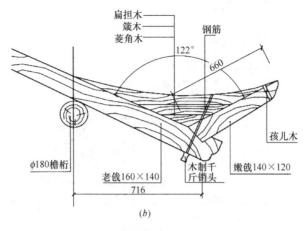

图 4-7　戗角（南方）（二）

(b) 戗解详图 1∶50

戗角即在建筑屋顶转角之阳角位置，梢部与屋顶斜坡呈反方向起翘的木构件。通常，戗角按其用料及构造不同可分为老戗发戗、嫩戗发戗二种，前者的起翘仅依靠瓦作构件形成，后者的起翘由瓦作构件与木作构件共同完成。翼角内构件主要包含：老戗（老角梁）、嫩戗（仔角梁）、弯刀里口木、关刀弯檐眠、摔网椽（翼角椽），立角飞椽（翘飞椽）、千斤销，扁担木，孩儿木、凌角木、戗山木（衬头木）、卷戗板、望板等。

（三）古建筑木构件制作（北方）

1. 柱的制作

（1）柱的制作工艺顺序

圆形柱子规格料初加工采用放八卦线方法，程序为：画柱两端迎头十字中线，弹放柱身中线、升线→用柱子分丈杆在中线上点出柱子相关部位尺寸→画柱头馒头榫，柱脚管脚榫，柱头柱根截线→画额枋燕尾卯口线、穿插枋卯口线，然后按线制作→标注大木号→按要求码放以备安装。

（2）圆柱、圆檩的八卦线放法（图 4-8）

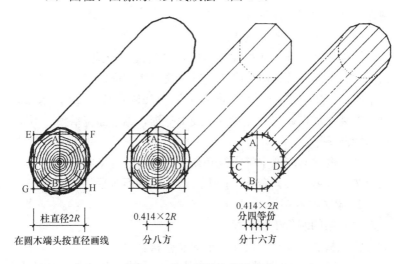

柱直径2R
在圆木端头按直径画线

0.414×2R
分八方

0.414×2R
分四等份
分十六方

图 4-8　柱、檩放八卦线示意

在圆木两端画出十字中线，两根中线相互垂直，柱子两端对应的中线相互平行。如荒料不直顺，应通过借线（及调整柱中心位置）找出柱中心的正确位置。具体方法如下：① 放四方线，连接四面的端点线，并将荒料砍成四方；② 放八方线，用柱或檩圆形构件的半径乘以 0.414 得出八方每边长度，以十字线为准点找出各点并连接，形成八方，将迎头八方线弹在木件长身上，砍去八方以外的部分；③ 在八方的基础上放十六方形，方法是将八方的每个面均分 4 等份，连接角两侧相邻的点，使八方变成正十六边形，砍刨多余的部分。再放三十二边形，直至刨圆为止（注意：柱子放八卦线时应做出收分）。

（3）梅花方柱制作工艺

按设计要求的柱径及收分（1/100）将规格料刮刨完成后。两端画迎头十字中线，中线互相平行。将十字中线弹在柱子长身上，并按柱方面的 1/10 在柱身上弹出四角梅花线，用柱子分丈杆在侧面中线上点出柱头、柱脚及榫长、柱身长、卯眼位置等。用方尺画扦围画柱头和柱根线，画出卯眼等线，柱子画完后按线制作，并在内侧标注位置号。

（4）柱子制作的质量要点

柱类构件的榫、卯在加工时应松紧适度，对应榫、卯形状、大小、宽窄应一致。凿卯时，应以墨线外边剔凿，卯口内壁铲凿应平整，不应有凸鼓鸡心；卯眼上端应按眼高度 1/10 出涨眼，以备安装时加楔使用。开榫应按线中下锯，锯解面应平整，不应走锯凹凸不平。

柱子两端对应的十字中线必须平行，檐柱有侧脚时，柱子两端应按升线截头，其余柱子按中线截头。截面应平行一致。

2. 梁类构件制作

（1）梁的制作工艺顺序

将毛料加工成符合尺寸要求的规格料。

1）按尺寸在两端头，画出中线、平水线、抬头线，并将各线在长身弹出。

2）用丈杆在梁背上面点出梁点中线，每步架中线，画出梁头海眼位置、瓜柱眼位置，画出梁头外端盘头线。

3）以中线为准，画出瓜柱眼、垫板卯口、梁头檩碗、梁头鼻子位置，在梁背上标写位置号。位置号标写时，字头应写在建筑正立面一端，并标明方向（如向南、向东、向西等）。

4）按所划线制作梁头、榫卯、剔凿海眼、瓜柱眼，制作四角滚楞。

（2）梁制作的质量要点（图 4-9～图 4-11）

1）梁类构件制作前应放足尺大样，且应放两头截面大样，大样应符合设计要求。

2）梁类构件应画出中心线、基面线（水平线）、柱中线。基面线宜画在梁高 7/10 的位置，且应能满足桁碗的深度要求。梁两侧的基面线应重合，不翘曲，且与样板一致。

3）梁类构件的断面应符合设计要求，无设计要求的，应按

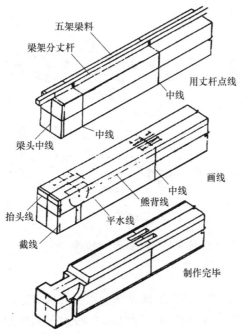

図 4-9 五架梁制作过程

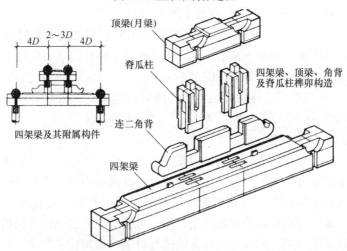

图 4-10 四架梁及其附属构件的构造与制作

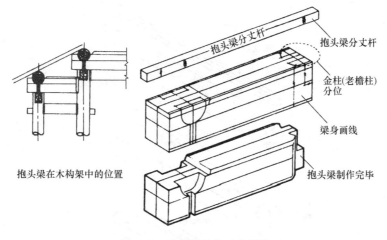

图 4-11　抱头梁的构造和制作

传统做法做。

4）当梁类构件一端用箍头榫形式与柱顶端连接，另一端以榫卯形式与柱中部连接时，应以原木的大头做榫卯，小头做箍头榫。

5）桁（檩）碗深应为桁径的1/3～1/2。

6）正身梁（四架梁、五架梁）头两侧桁碗之间必须做鼻子榫，其榫宽应为梁头宽的1/2。承接梢桁（檩）的梁头应做小鼻子榫，榫高、宽应为桁径的1/6～1/5。

7）当趴梁、抹角梁与桁檩扣搭时，端头应做阶梯榫，榫头与桁檩咬合部分的面积不得大于桁檩截面积的1/5。

3. 枋类制作

枋类构件制作前可根据面宽分丈杆制作枋子分丈杆，也可直接用面宽分丈杆制作枋子，由面宽分丈杆两端中线，向内各退回柱头部分的半径一分，即为枋子榫根位置，再向外让出榫头长度。如果柱头截面为规矩的正圆形，可按上述方法操作。如果柱头截面不规则，则应按传统方法进行讨退，确定枋子的净长及榫卯、肩膀各处准确位置和尺寸（讨退方法另详）。

枋的制作质量要点：

1）当构件原料单根高度不够时，可采用两根断面宽度近似的方木拼合组成，两根方木应采用硬木排销或五角竹钉销连接。排销的长度不得小于拼木宽度的 3/4，且不得小于50mm。

2）当枋类构件与柱类构件相交时，应采用透榫和半榫连接（大进小出），透榫高度宜为枋高的 1/2～3/4，榫厚宜为柱直径的 1/4～3/10。当两根枋子与同一柱在同一水平高度上呈直线相交时，应采用聚鱼合榫。

3）当穿插枋、跨空枋等拉结枋的端头作透榫时，应作大进小出榫，榫厚应为柱径的 1/5～1/4。其中半榫部分的长度应为柱径的 1/3～1/2。

4. 桁（檩）类构件制作

按放八卦线的方法将檩子砍刨光圆。在檩子两端划十字中线，将十字中线弹在檩子长身四面，并在底面弹出金盘线（宽度按 3/10 檩径），脊檩应做上下金盘。用面宽分丈杆画线，将檩子两端中线画上后一端向外让出榫长，另一端画出卯口，并根据丈杆所标的椽花线点出椽花，按线制作榫卯。

桁（檩）的制作质量要点（图 4-12）

1）圆形桁条两端断面尺寸、形状应按样板划线，样板中线与桁中心应重合。

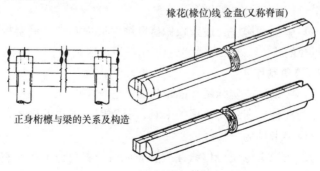

正身桁檩与梁的关系及构造

图 4-12　正身桁檩的构造与制作

2）桁（檩）之间对接应作燕尾榫，榫的长度和宽度均应为桁条直径的 1/4～3/10。

3）当两桁（檩）成角度扣搭相交时，宜做搭交榫。榫截面积不宜小于桁（檩）径截面积的 1/3。

4）圆形、扇形建筑的弧形桁（檩）制作前应放实样、做样板，按样板制作。

5）扶脊木两侧的椽碗深度应为椽径的 1/3～1/2。

5. 板类构件制作

（1）博缝板制作应按建筑步架举架及宽度要求放实样，做头缝榫，托舌，板内侧按要求做银锭榫或穿带，按位置剔凿檩碗，檩碗深半椽径。

（2）山花板、围脊板做龙凤榫或企口缝，板缝间用银锭榫连接。

（3）滴株板做企口缝。挂檐板背后穿斜带，下口不得露带。

6. 屋面木基层构件制作

（1）檐椽、花架椽、脑椽等构件制作应放八卦线，砍刨光圆，做金盘线，檐椽后尾与花架相交处根据不同情况可用压掌或交掌做法。

（2）飞椽如为闸挡板做法，应做闸挡板口子。

（3）连檐类构件：大连檐高按 1 椽径，厚（进深）1.3 椽径，里口按 45°角做柳叶缝。

（4）望板类构件：横望板做柳叶缝，底面刨光；顺望板厚不小于椽径的 1/3，宽一般为 8～12cm，为常规做法。

7. 翼角制作

（1）按设计或实际尺寸确定根数。

（2）准备一套放翼角椽的卡具，分别用于椽头及椽尾，标注椽头及椽尾卡具的分位线。

（3）按椽头椽尾分位线在放置完成后的翼角椽上按左右分位线弹在翼角椽椽身上。

（4）在椽背前端位置标注出翼角椽左右及位置。

（5）按翼角椽上弹好的线制锯解，并刮刨成型备用。

8. 榫卯制作要求

（1）管脚榫、馒头榫的作用是防止柱脚柱头的位移，榫的长度为柱径的 1/4～3/10，榫见方（或直径）同长（图 4-13）。

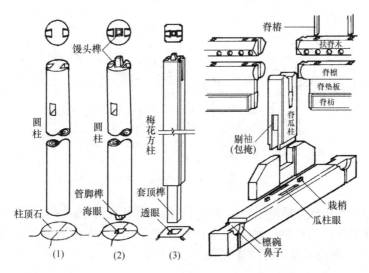

图 4-13　管脚榫、馒头隼、套隼；脊瓜柱、
角脊、扶脊木节点榫卯

（2）瓜柱管脚榫为双榫，作用是增强稳定性，长度为 6cm～8cm，厚度依构件大小而定。

（3）燕尾榫：用于拉结联系构件，多用于檐枋、额枋、随梁枋、金枋、脊枋檩等水平构件与柱头相交的位置，形状为端部宽，根部窄，称为"乍"，与之相应的卯口则是里口大，外面小，安上以后不会出现拔榫现象。乍大小以榫端头与根部之比为 5∶4 为宜。燕尾榫长按柱径的 1/4～3/10，榫厚为枋子厚度（或檩径）的 1/3（如果榫的厚度为 10cm，则榫根部收分 2cm）（图 4-14）。

（4）箍头榫是枋与边柱或角柱相结合时采用的一种特殊榫

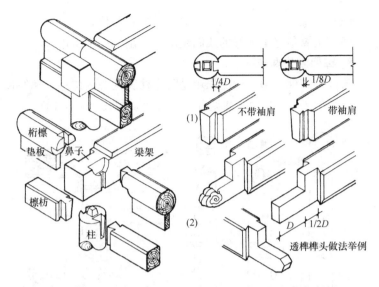

图 4-14 柱、梁、枋、垫板节点榫卯；燕尾榫与透隼举例

卯，使用箍头榫对于边柱或角柱有着很强的拉结力，又有箍锁及保护柱头的作用。榫厚度为柱头厚度的 1/3，榫高上下各刻去 1/2，箍头高厚均为枋身高厚的 4/5（图 4-15、图 4-16）。

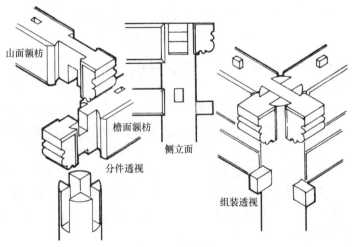

图 4-15 箍头隼与柱头卯口

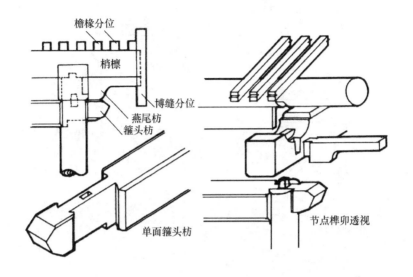

图 4-16　悬山梢檩、小式箍头枋榫卯

（5）半榫及透榫：多用于大木构件，常做大进小出形状。透榫适用于需要拉结，但是无法用于上起下落的方法进行安装的部位，主要起拉接作用。榫的规格厚度一般等于或略小于柱径的1/4 或等于枋厚度的 1/3。长度：透榫部分，由柱中线向外 1 个柱径。半榫部分不超过柱中（图 4-17）。

（6）销子榫：销子榫是水平构件叠交固定时所用的榫，销子榫的大小要视构件尺寸而定，以满足结构要求，防止构件之间变形为准（大木销子榫厚度一般为 3cm，长度 6cm，斗拱销子榫厚 1cm～2cm，长 3cm）（图 4-18～图 4-21）。

（7）银锭扣、穿带、裁口、龙凤榫多用于木板直接连接，起连接作用（图 4-22、图 4-23）。

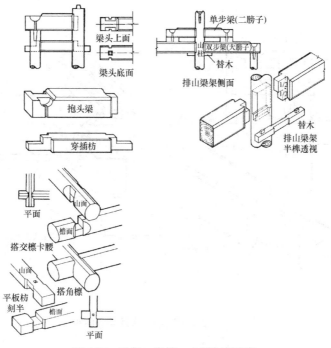

图 4-17 透隼、半榫、卡腰与刻半隼

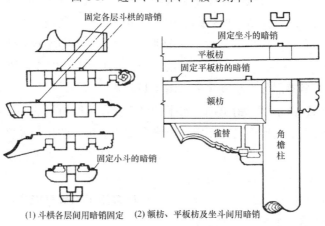

(1) 斗栱各层间用暗销固定　(2) 额枋、平板枋及坐斗间用暗销

图 4-18 栽销的应用

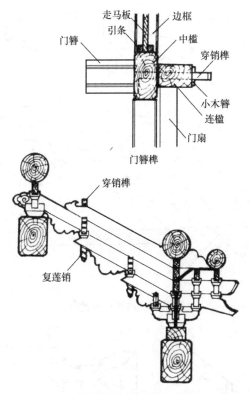

复莲销在溜金斗栱上的应用

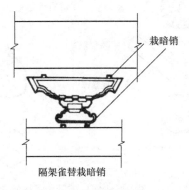

隔架雀替栽暗销

图 4-19　栽销与穿销举例

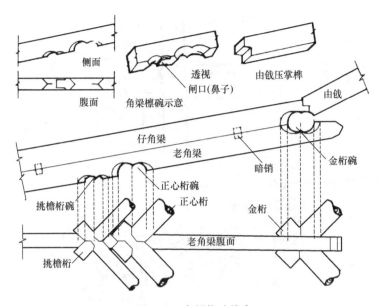

侧面

腹面

角梁檩碗示意

透视
闸口(鼻子)

由戗压掌榫

由戗

仔角梁

老角梁

暗销

金桁碗

正心桁碗

挑檐桁碗

正心桁

金桁

老角梁腹面

挑檐桁

图 4-20　角梁桁碗榫卯

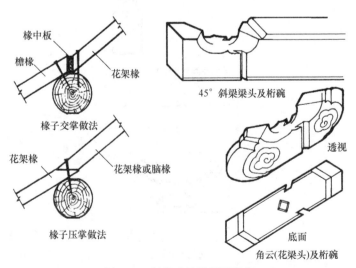

椽中板

檐椽

花架椽

椽子交掌做法

花架椽

花架椽或脑椽

椽子压掌做法

45°斜梁梁头及桁碗

透视

底面

角云(花梁头)及桁碗

图 4-21　斜桁碗及椽子压掌隼

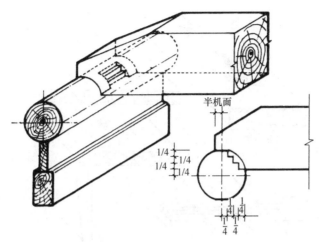

半机面

1/4 1/4
1/4 1/4

$\frac{1}{4}$ $\frac{1}{4}$
$\frac{1}{4}$

趴梁与桁檩相交的节点和榫卯

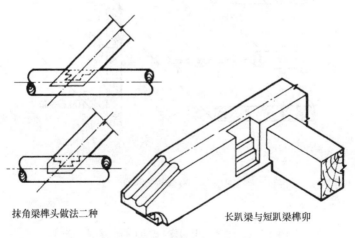

抹角梁榫头做法二种

长趴梁与短趴梁榫卯

图 4-22　趴梁与抹角梁榫卯

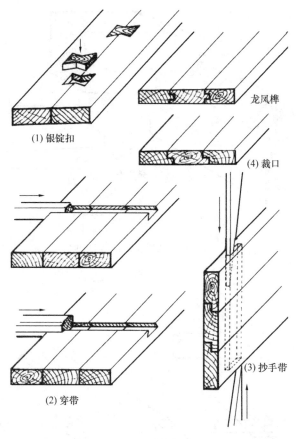

图 4-23　板缝拼接榫卯

（1）银锭扣

龙凤榫

（4）裁口

（2）穿带

（3）抄手带

（四）古建筑木构件制作（南方）

柱的种类：柱类构件因其所处位置不同，可区分为廊柱、步柱、金柱、脊柱、立柱、矮柱（图4-24）。

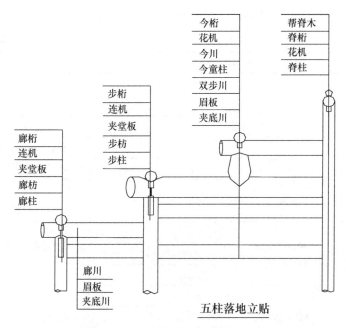

图 4-24　五柱落地立贴剖面图（南方）

柱类构件因其外形不同，可区分为圆柱、方柱、梅花柱、灯笼柱、五角柱、海棠柱等。

1. 柱类构件制作

（1）柱的制作工艺顺序

圆形柱子采用放八卦线方法加工出柱子雏形→画柱两端迎头十字中线，弹放柱身中线、升线→用柱子分丈杆在中线上点出柱子相关部位尺寸→画柱头馒头榫、柱脚管脚榫、盘头打截线→画额枋燕尾卯口线、穿插枋卯口线→盘柱头、盘柱脚→开柱头馒头榫、柱脚管脚榫→凿卯→标注大木号→码放在指定地点以备安装。

（2）圆柱的制作工艺要点

制作工艺要点内容同"（二）古建筑木作构件制作（北方）"中的 1. （2）

（3）柱的制作工艺质量标准（表 4-2）

柱的制作工艺质量标准

表 4-2

序号	项　目		允许偏差(mm)	检查方法
1	柱长	≤3m	±3	尺量检查
		>3m	h/1000	
2	直径（截面尺寸）		±d/50	尺量检查
3	柱弯曲	≤3m	5	仪器检查或拉线尺量检查
		>3m	2/1000	
4	柱圆度	≤200m	4	用圆度工具检查
		>200m	6	
5	榫卯内地面内壁平整度	≤300m	±1	用直尺楔形尺检查
		300m～500m	±2	
		>500m	±3	
6	榫眼宽度尺寸	≤40m	2	尺量检查
		40m～70m	3	
		>70m	4	
7	榫眼高度尺寸		5	尺量检查
8	中线、升线位置		柱直径或面宽 1/100	尺量、曲尺检查

（4）柱子制作的质量要点（图 4-25）

1）断面为圆形柱构件类应收分，收分率应为 0.7%～0.8%。

2）柱子要求做侧脚时，侧脚的大小要符合要求。

3）柱与其他构件的榫卯连接必须符合要求。

2. 梁类构件制作

梁的种类：梁类构件因其所处位置不同，可区分为大梁（柁梁、七、六、五、四、三架梁）、攒金（三步梁）、穿（川）（桃尖梁）、双步梁、山界梁、搭角梁（递角梁）、支索梁（顺趴梁）、月梁（单架梁）、承重梁。

梁类构件因其外形不同，可区分为：圆作梁、扁作梁（图

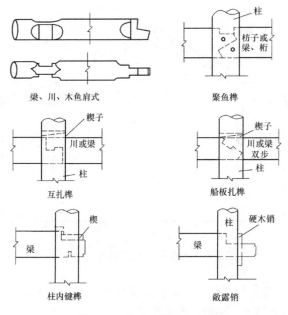

梁、川、木鱼肩式

聚鱼榫

互扎榫

船板扎榫

柱内键榫

敞露销

图 4-25 柱节点图（南方）

4-26、图 4-27）。

（1）梁的制作工艺顺序

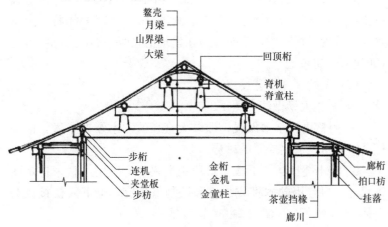

图 4-26 圆作梁梁架立面图（南方）

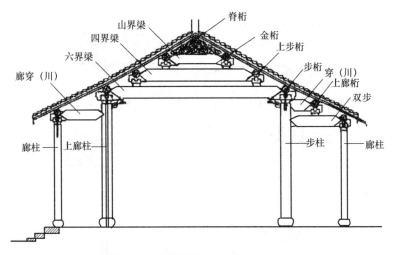

图 4-27　扁作梁梁架立面图（南方）

1）将梁类构件垫平，画出梁头的中心线，平水线、抬头线，按构件面宽的 1/10 弹出滚楞线。

2）用丈杆在梁上面的中线上点出梁中位线，每步架中线，点画瓜柱眼位置，点画出梁头外端盘头线。

3）应以中线为准，画出瓜柱眼、垫板卯口、梁头上面檩碗位置用檩碗样板圈画出檩碗卯口，画出海眼，在梁背上标写上位置号。位置号标写时，字头应写在建筑正立面一端，并标明方向（如朝南、朝东）。

（2）梁的制作工艺要点

1）扁作大梁做法（图 4-28）：

① 用整块独立木做成，即取大直径的圆木锯方来做，但在配料时要考虑大梁应有的拱势。

② 实木叠拼法：下段主拼段用大料，上段用小料来拼足所需尺寸，拼合用硬木榫或竹钉和铁制橄榄钉，上下段拼接成为一体。

③ 虚拼实垫梁法：先定下主拼，再在主拼两侧平梁面拼侧

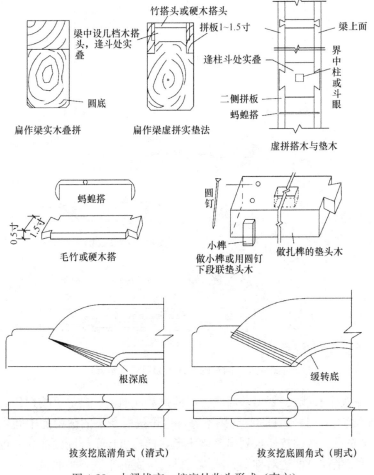

图 4-28　大梁拔亥、挖底处收头形式（南方）

板。拼板一般用竹钉和铁钉拼合，并在两板之间用垫木做燕尾扎榫，将拼板稳固。

2）圆作大梁的制作工艺要点（图 4-29）

① 配材断料划线

圆梁断料可按实际长度放长一寸～二寸，而后进行挂头线

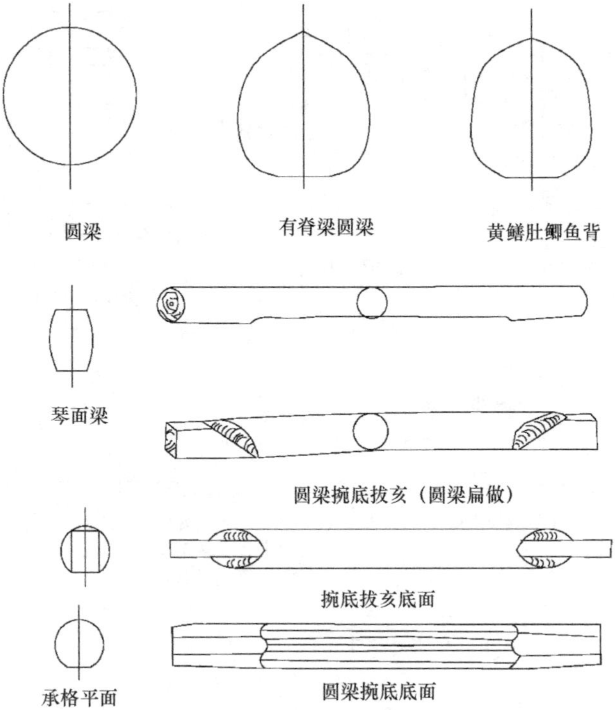
圆梁
有脊梁圆梁
黄鳝肚鲫鱼背
琴面梁
圆梁搄底拔亥（圆梁扁做）
搄底拔亥底面
承格平面
圆梁搄底底面

图 4-29　圆梁的各种断面形式（南方）

（端头中心线）、划出基面线。梁的拱势应向上，拱势可按1/150、1/200、1/250、1/300 起拱不等，也可按所断下的圆梁的中间拱势来定。两端按样板划出圆梁头形，样板可作全样断面样板，也可作半样，两边对称划。圆梁要做出一定的平底，平底最小宽度为胆宽，做平底源于其与柱口的结合和受力的需要。

② 圆梁的断面式样

按江南香山匠师的传统习惯，称“唐宋弯梁加琴面”，明代圆梁以“黄鳝肚皮鲫鱼背”为主，清代圆梁以“浑圆底口鲫鱼背”为主。圆梁的断面式样见图 4-29。

③ 砍刨加工

按头线弹出多余部分的线，先把底面做好一个平面，再将两边多余部分和上背砍去，后砍四角成八边形，再用斧砍去小棱角成圆毛梁进行刨光。先把梁底刨直平，再把其余三面刨浑圆，粗刨成形，再使用阴刨刨光刨圆。

（3）梁的制作工艺质量标准（表4-3）

梁的制作工艺质量标准 表4-3

序号	项目		允许偏差(mm)	检验方法
1	长度	两端中线距3m内	±3	用进深杆或尺量检查
		两端中线距5m内	±4	用进深杆或尺量检查
		两端中线距5m以上	±5	用进深杆或尺量检查
2	构件直径		250内±3	套样板或尺量检查
			250以上±5	
3	圆度		4	用样板或专用工具检查

（4）梁的制作质量要点

1）梁类构件应画出中心线、基面线（水平线）、柱中线。基面线宜画在梁高7/10的位置，且应能满足桁碗的深度要求。梁两侧的基面线应重合，不翘曲，且与样板一致。

2）当梁类构件采用挖底做法时，两端留底平面宽度宜为柱径的1/2。

3）轩梁挖底时，留底长度宜为轩梁长的1/4，挖底深度不应大于12mm，并不应小于8mm。

4）当长度小于五架梁（四界大梁）的梁类构件末端与柱末端相交时，必须采用箍头榫做法。

3. 枋类构件制作

枋类构件的分类：廊枋、步枋、随梁枋、夹底、水平枋、斗盘枋。

（1）枋的制作工艺顺序

枋类制作划线前可根据面宽分丈杆制作枋子分丈杆，也可直接用面宽分丈杆制作枋子，用面宽分仗杆定位出枋子长度，枋子两头位置向内各退回柱头部分的半径一分，即为枋子榫根部分位置，再向外让出榫头长度。

（2）枋的制作工艺要点

1）选材断料

枋子料宜选比较直的木材，长度为枋长配足全榫长。由于枋子一般较宽，大都要拼作，特别是一些地方性的建筑，由于经济及材源因素，常以二料或三料相拼合。但需要拼合的枋子均应以有全心木材拼合为宜，一般不宜用对开材和偏心材来拼做枋子，因为全心木材（圆木）锯成的枋子是依木材的中心两边结边而成，木材不会变弯（图4-30）。

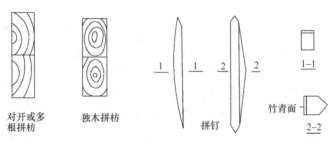

图4-30　拼枋与拼钉（南方）

2）枋子划线

枋子刨好可进行划线，划线前弹出中心线，方正的枋子亦要弹出中心线。用开间杆或进深杆两头划出进半柱的位置为柱中线（开间与进深中），随即划出榫头的厚度并按中线进半柱内边做点线，为榫头内肩处。接下再写好枋子的名称和位置。划好线即可用大锯出榫头，锯到点线肩处。这时枋子基本制好，就可把所有的枋子安放成堆，待汇榫时再来配枋截定肩。

（3）枋的制作工艺质量标准（表4-4）

（4）枋的制作质量要点

1）当楼房台口枋与楼面承重梁头相交时，承重梁应做双夹榫，榫宽、厚宜为台口枋高的1/7～1/5。

2）当有落翼的建筑无坐斗时，应做箍头榫与柱连接，不得做燕尾榫。敲交留胆应为柱径的1/4～1/3。枋子应留枋头，枋头长度应根据与其相关的梁类构件的尺寸确定。

枋的制作工艺质量标准 表 4-4

序号	项目		允许偏差(mm)	检验方法
1	构件截面尺寸	高度	±1/60 截面高	尺量检查
		宽度	±1/30 截面宽	
2	侧向弯曲		L/500	拉通线尺量检查
3	线脚		清晰齐直	目测、用样板或专用工具检查

3）轩内承椽的枋子应凿回椽眼，回椽眼中线应与该间椽花线一致，其深度不得小于椽断面长边的 1/2，并不得大于长边。

4. 桁（檩）类构件制作

桁（檩）的分类：脊桁、金桁、步桁、廊桁、帮脊木。

（1）桁（檩）的制作工艺顺序

1）挂线弹线法

对配好的桁条料划挂头线（中心线）。把桁条置于三脚马上把桁条的弯势向上，拱势向下。两边匀称方可用墨斗挂线，把桁两端面中线划好，再把桁条断面样板头按在端头按正中心线把桁条头形线划好（图 4-31）。

平底圆桁条　　　　圆底桁条　　　　外圆内方桁条　　　　方桁

图 4-31　桁条断面形状（南方）

2）砍刨加工

修砍桁条时应先将底面砍出，桁条底应与上背同有弯势，再砍两侧面，两头按样板线，中段桁条应放有胖式，一般厅堂的桁条中段比两端放大四分～六分。两侧砍好，即砍桁条背面，桁条背的修砍应按拱度修正不匀称的部位。最后砍去四角，成不等八边形，再倒去八角成十六边毛坯桁条。继而进行刨光，先行粗刨再用阴刨刨光即成。

3）划线

桁条的划线方法很多，一般常用方法有：

① 用开间杆在桁底点出开间中线，再用曲尺盘通中线，后划出榫眼和各椽中心和椽子外皮点线（脊桁与廊桁要点分）；

② 把桁条放于一块平板上，下用开间杆再用曲尺按样用尺划在桁条上；

③ 做好样板端头和长度样板。下面按样板套划，两侧曲尺过线，至上面用套样划榫眼。桁条一般只划开间中线、盘头线和摔眼线。

4）桁条的雌雄榫

两开间的桁条，左间为雄榫，右间为雌榫。

榫的大小：选划榫头亦可按桁条直径的 1/4 为榫大头，但不得超过 1/4 榫长，还可按桁条直径的 1/2 长，但短不得小于二寸，雌榫眼要放长二分，为桁条扎榫起拉紧作用，故头端有空隙有利于榫的安装和拉紧开间尺寸（图 4-32）。

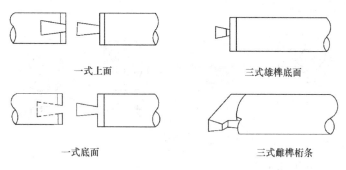

一式上面   三式雄榫底面

一式底面   三式雌榫桁条

图 4-32　桁条雌雄榫（南方）

（2）桁（檩）的制作工艺质量标准（表 4-5）

（3）桁（檩）的制作质量要点

桁（檩）的制作工艺质量标准   表 4-5

序号	项目	允许偏差（mm）	检查方法
1	圆形构件圆度	4	用专制圆度工具检查
2	圆形构件截面	$\pm 1/50$ 构件直径	尺量检查
3	矩形构件截面	$\pm 1/20b$，$\pm 1/30h$	尺量检查
4	矩形构件侧向弯曲	$L/500$ 构件长	用仪器检查或拉通线尺量检查
5	胖式（同一建筑应一致）	± 5	拉通线尺量检查
6	帮脊木椽碗中距	$\pm 1/20d$	尺量检查

1）圆形桁条两端断面尺寸、形状应按样板划线，样板中线与桁中心应重合。

2）当两桁的端头在同一高度上呈直线相接时，必须做燕尾榫连接，榫最大处的宽度宜为桁条直径的 1/5，榫的大小头宽度之比宜为 1：0.8。

3）当桁条底面无枋、机等构件或用插机时，桁条燕尾榫应留底，留底厚度宜为桁条直径的 1/5，且不应小于 30mm。

4）当在同一水平高度上，一根桁条的一端与另一根桁条呈丁字形相交时，应做扁榫（火通榫）连接。

5. 屋面木基层与板类构件制作

屋面木基层构件分类：椽子、里口木、望板、眠檐、勒望。

板类构件分类：山填板、填拱板、眉板、夹宕板、望板、棹木、山雾云（山花板）、抱梁云、闸椽板、椽稳板、鳖壳板、雨挞板、裙板、封檐板（滴株板）瓦口板、地板、楼板、博缝板。

（1）屋面木基层与板类构件制作工艺顺序

板类制作工艺顺序：瓦口板的长度尺寸可统长计算，但瓦口板的瓦口中心尺寸要按不同开间的大小和瓦的大小确定。

瓦口板的具体做法为（图 4-33）：

① 按盖瓦中间为中心，向两边分瓦档，档距是一致的；按

瓦工定出中心瓦距，再各取两块所用的底瓦和盖瓦，依底瓦做出底楞弧线和盖瓦盖头弧线。

②瓦口板的制作可一料二用，即可两条瓦口板套合制作，也为一板二用。

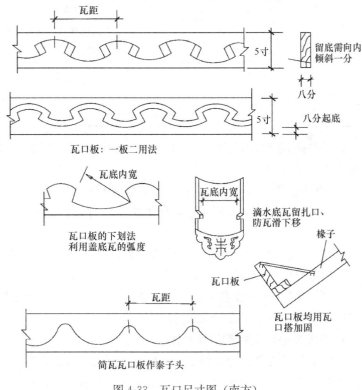

瓦口板：一板二用法

瓦口板的下划法利用盖底瓦的弧度

滴水底瓦留扎口、防瓦滑下移

瓦口板

瓦口板均用瓦口搭加固

简瓦瓦口板作泰子头

图4-33 瓦口尺寸图（南方）

（2）屋面木基层与板类构件制作工艺要点

1）圆形或荷包形椽的制作工艺要点（图4-34）

椽子的断料长度一般为：出檐椽按实长放长五分～一寸；头定椽、花界椽按实长放长五分～一寸。具体长度计算为：出檐椽按廊架中心界分尺寸至檐头的水平距离乘该界提栈斜长系数，另放长五分即可；头定椽和花界椽按该界水平距离乘该界提栈斜长系数另放长 1.5 倍椽厚；缩脚椽为该界斜长放长 1/2 椽厚。

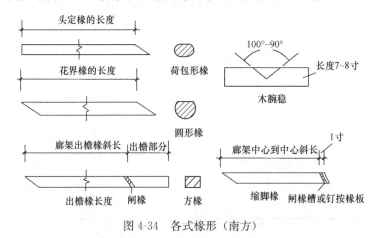

图 4-34　各式椽形（南方）

2) 里口木制作工艺要点

里口木用于出檐椽头，里口木开口坐飞椽，其长度尺寸按开间长度略放一寸即可，亦可越间接做不按间配，但总长度仍是总开间尺寸。里口木的厚度按望砖厚度加飞椽厚再加一分，宽度按椽口的眠檐条计。一般厅堂为二寸～二寸半宽，殿宇用料在二寸半～三寸宽之间（图 4-35）。

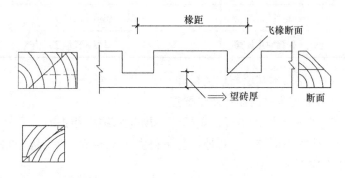

图 4-35　里口木的一料二用做法（南方）

(3) 屋面木基层与板类构件制作工艺的质量标准(表 4-6、表 4-7)

屋面木基层制作工艺的质量标准　　　　表 4-6

序号	项目		允许偏差（mm）	检查方法
1	露明檐椽、飞椽	圆椽直径	±1/30 椽径	尺量检查
		方椽截面高	±1/30 截面高	
2	椽背平直		5	尺量检查
3	椽侧向弯曲		5	尺量检查
4	草架椽	厚	20	尺量检查
		宽		
5	望板厚度		−1，+2	尺量检查
6	表面平直度（平直部位）	方椽	4	用 2m 直尺、楔形塞尺检查

板类构件制作工艺的质量标准　　　　表 4-7

序号	项目	允许偏差(mm)	检查方法
1	表面平整度	2	用 2m 直尺和楔形塞尺检查
2	上、下口平直	3	用仪器或拉 5m 线，不足 5m 拉通线尺量检查
3	表面光洁	—	目测、手摸检查
4	与构件结合紧密	0.5	楔形塞尺检查
5	拼缝顺直紧密	3	目测、楔形塞尺检查

（4）屋面木基层与板类构件的制作质量要点

1）板类构件的制作质量要点

① 当夹宕板、垫板、楣板的四周与木结构相连时，应开槽连接。槽深不应该小于板厚，且不得大于 12mm，槽与板之间的空隙不应大于 2mm。

② 山花板、山雾云、棹木应采用木纹交织的木材制作，板净厚应为 30mm～50mm。

③ 博风板、封檐板净厚度宜为 18mm～25mm。

④ 同一建筑、同一立面的瓦口板楞距应一致，且应与盖瓦、底瓦、老瓦头尺寸相适应。

⑤ 楼板拼缝不得采用平缝，当楼板厚度大于或等于 30mm 时，应做凹凸缝；当楼板厚度大于或等于 30mm 时，应做高低缝或凹凸缝。

2）屋面木基层构件的制作质量要点

出檐椽下端头的头面要做成斜归方，是以斜面为准做成 90° 直角，俗称为顺滚直做法，非做水平垂直。头定椽、花界椽的斜坡头为"上依中线，下不越桁"即上背尖为桁条垂直中心线，下皮尖不超过下面桁条下外皮，椽子有拱的一面应向上，一般为心材面，不得放反，椽子的木材原大头始终朝下端。

6. 戗角制作

（1）戗角构件分类（图 4-36、图 4-37）

1）按瓦工水戗的外形分：

① 背包戗：俗称老戗嫩发，常见于歇山或厅堂，屋脊用黄瓜环瓦。木构戗角有老戗加角飞椽做法，也有老戗加子戗做法。背包戗类似观音兜在戗角上的应用，它以环通山头脊带及屋面戗角，江南园林中应用较广。

图 4-36　戗角实物照（南方）

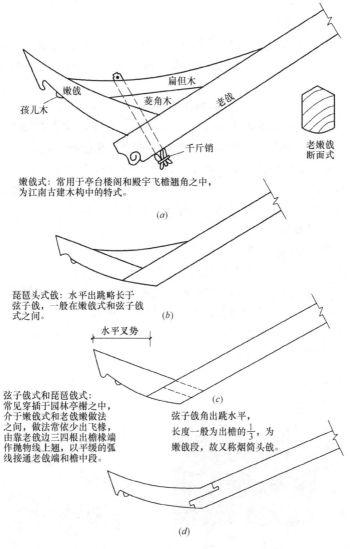

嫩戗式：常用于亭台楼阁和殿宇飞檐翘角之中，为江南古建木构中的特式。

(a)

琵琶头式戗：水平出跳略长于弦子戗，一般在嫩戗式和弦子戗式之间。

(b)

弦子戗式和琵琶戗式：常见穿插于园林亭榭之中，介于嫩戗式和老戗嫩做法之间，做法常依少出飞椽，由靠老戗边三四根出檐椽端作抛物线上翘，以平缓的弧线接通老戗端和檐中段。

弦子戗角出跳水平，长度一般为出檐的 $\frac{1}{3}$，为嫩戗段，故又称烟筒头戗。

(c)

(d)

图 4-37　南方戗角（南方）

(a) 嫩戗式；*(b)* 琵琶戗式；*(c)* 弦子戗式（烟筒头戗）；*(d)* 弦子戗式

② 水戗嫩发：水戗指以瓦工为主做翘尖戗角，木构戗角部

分做老戗加角飞椽或只做老戗叉出。水戗做得与嫩戗发戗相似，俗称水戗嫩发。

2）按木工嫩戗的形式分：（嫩戗式、琵琶戗式）

① 嫩戗式：是在老戗端面立嫩戗、上覆菱角木和扁担木以承接鳌壳，摔网椽上施望板，立脚飞椽上施卷戗板成为木角翼角，使扁担木、菱角木不露内隐，这是江南常见的戗角。

② 琵琶戗式：嫩戗立于老戗端面，如嫩戗式，但做法上嫩戗外面弧线与老戗头沟通，并做成琵琶形，上使菱角木。卷戗板直接至菱角木上皮，使菱角木同嫩戗外露，但立脚飞椽尺寸同飞椽一样的大小，起翘成曲线屋檐。外露的沟通嫩戗像琵琶，故名其为琵琶戗。

（2）翼角制作工艺顺序

戗角放样——样板制作——翼角构件制作——配戗。

（3）翼角制作工艺要点

俗称"一样、二板、三把尺"。"一样"即地墙放线样，先放样，按放出的样再出两块样板，一块是嫩戗样板，一块是摔网里口木的斜度板。"三把尺"：一是制弯里口木的弯刀尺，二是定摔网椽的长度尺，三是摔网椽的后尾平分线尺俗称"兜根尺"，有了这些基本尺度之后便可开始制作（图 4-38）。

戗角放样：

老戗长：以戗根 0 点与廊桁交 E 点位置划对角线延伸 OE 线到飞椽出檐尺寸线 G 点得出老戗长距离。注意戗根搭在桁条上时加一尺长度即为老戗总长度（廊界界深＋出檐距离＋飞椽长度×提栈系数×$\sqrt{2}$＋一尺）。

嫩戗长：嫩戗长为三飞椽长。

摔网椽长度：根据 GD 线总长及摔网椽根数平均分（一般为23cm～25cm）。

1）老戗的制作

老戗的制作：分别挂出端部头线并划出中线。木材应弯势朝上便于观看定势，再将做出的头板分别在两端按中线把两侧面划

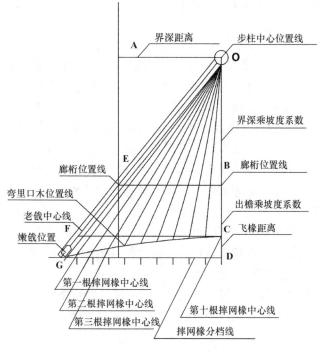

界深距离　　　　步柱中心位置线
A　　　　　　　　　　　　　O

界深乘坡度系数

廊桁位置线　　E　　　　　　　B　廊桁位置线
弯里口木位置线
老戗中心线
嫩戗位置　　　F　　　　　　　C　飞椽距离
　　　　　　　　　　　　　　　　D
G　　　　　　　出檐乘坡度系数

第一根摔网椽中心线
第二根摔网椽中心线　　　　第十根摔网椽中心线
第三根摔网椽中心线　　　　摔网椽分档线

图 4-38　戗角放样（南方）

出，一般划上背和底势时应尽量靠近足下面和凸拱处边，尽可能
把弯面的木材在车背面处理掉。

　　2）嫩戗的制作

　　嫩戗制作：按样板划出实样，放出上车背和下浑底，如是圆
料做嫩戗则应捡弯料来落线，划出中线两端断面。如用方料来作
即可直接按样划出上车背和浑底，按划出的线进行锯、砍、刨，
到符合要求方可视为粗坯完成。

　　3）摔网椽的制作（图 4-39、图 4-40）

　　① 摔网椽后尾加工：由于摔网椽后尾汇成于步架中点戗边，
每根摔网椽的椽面须相随翼角屋檐。后尾的尖角两侧面必须垂
直，否则难于安装并会影响摔网椽尾的交汇外观及其与正面出檐

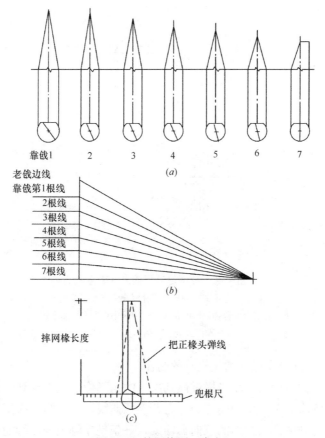

图 4-39　捧网椽图（南方）

（*a*）七根示意图；（*b*）拟定各捧网椽斜势小样；（*c*）捧网椽后尾弹线法

椽的协调。

② 捧网椽的尾交形式：

a. 汇聚于转角敲交术条的出头处，这时老戗于两桁交叉阴角中，按上界中延接于老戗上一点成捧网椽汇集中点。

b. 除了上法在转角梁桁敲交做固外，另有一种搁梁做法，即将正面开间的步桁搁于边落翼的梁上，在梁上落翼面另设承椽枋与步界交通。

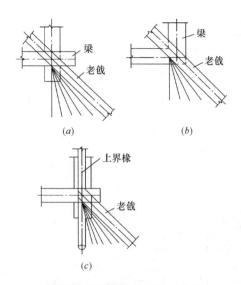

图 4-40 摔网椽后尾接点（南方）

(a) 上梁有敲交头的接点，摔网椽中点下靠戗边；

(b) 上梁为大合舍做法的接头，摔网椽中点左右移靠戗边；

(c) 歇山式老戗后徜不出桁外皮

4）立脚飞椽（翘飞椽）的制作

立脚飞椽是正屋飞椽过渡到嫩戗的角飞椽。从飞椽到嫩戗面所成的曲面是一个翘曲之面，有两条弧曲线，一条为飞椽至立脚飞椽再到嫩锁头背面的双向弧曲线，一条是立脚飞椽后端随飞椽至嫩戗根处车背面的弧线（图 4-41）。

（4）戗角制作的工艺质量标准（表 4-8）

戗角制作的工艺质量标准 　　　　　　　表 4-8

序号	项目		允许偏差(mm)	检查方法
1	摔网椽、立角飞椽	圆椽直径	±1/30 椽径	尺量检查
		方椽截面高	±1/30 截面高	
2	椽背平直		5	尺量检查
3	椽侧向弯曲		5	尺量检查

序号	项目		允许偏差（mm）	检查方法
4	草架椽	厚	20	尺量检查
		宽		
5	望板厚度		−1，＋2	尺量检查
6	表面平直度 （平直部位）	方椽	4	用2m直尺、楔形 塞尺检查

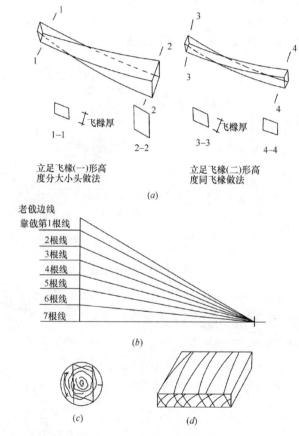

图 4-41　立脚飞椽（南方）

（a）立足飞椽做法；（b）拟定各摔网椽斜势小样；（c）独心林做立足飞椽；

（d）板枋材做立足飞椽

（5）戗角的制作质量要点

1）戗角内所有的木构件，必须按照《营造法原》（南方）的地方做法来放样制作，不得无规则自由改变。

2）戗角的摔网椽子应成奇数。

7. 榫卯制作要求

（1）榫卯制作的工艺顺序

选材——划线——打槽眼——凿槽壁——汇榫。

（2）榫卯的制作工艺要点

1）桁条安装与桁条开刻留胆之制（图4-42、图4-43）

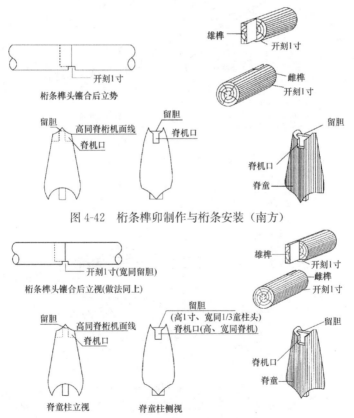

图4-42　桁条榫卯制作与桁条安装（南方）

图4-43　脊桁榫卯制作与桁条安装（南方）

桁条平行于开间，架于梁端。两桁相连，端部做燕尾式榫头，防其相离。梁头承桁处，于梁背凿半圆槽，槽深依据机面线而定，大小同桁径，须于槽中留高为 1 寸、宽为 1/3 梁宽的木块，谓之留胆，而于桁端下面凿去寸余，底部做平，谓之开刻。此法即所谓的桁条开刻留胆之制；桁条（脊桁）安装于柱端，脊桁的制作与廊桁、步桁等相同。相关图解如下图。

2）梁、川与柱的榫卯连接

梁、川与柱的榫卯连接有三种做法：柱凿榫眼，梁做榫头，梁榫会合于柱；梁箍柱做法；顶空榫做法（图 4-44、图 4-45）。

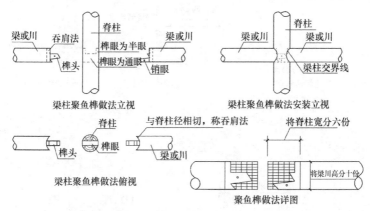

图 4-44 梁柱两面对称连接制作安装示意（南方）

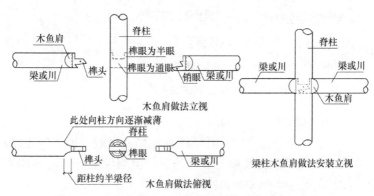

图 4-45 木鱼肩做法之梁柱连接制作安装示意（南方）

① 柱凿榫眼，梁做榫头，梁榫会合于柱。

② 梁箍柱做法（图 4-46、图 4-47）

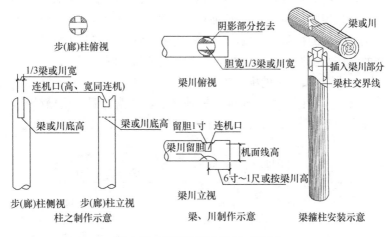

图 4-46 梁箍柱做法示意（南方）

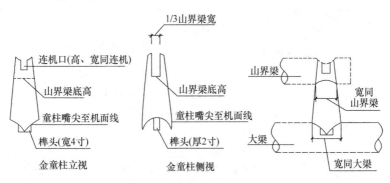

图 4-47 金童柱制作安装示意（南方）

③ 顶空榫做法（图 4-48）

于梁底挖半眼做榫眼，柱端做榫头插入榫眼，顶住梁或川，该做法一般用于敞交梁桁与柱之连接，但当大梁跨度超过四界时，梁柱的连接也须采用顶空榫做法。

（3）榫卯制作工艺质量标准

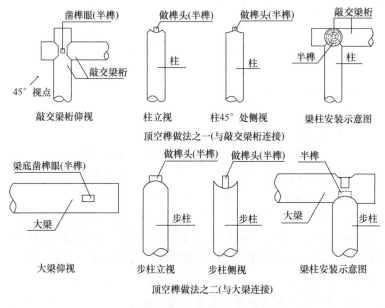

图 4-48　顶空榫做法（南方）

1）柱上各榫眼的两边线均应在立面中线左、右对称的位置上。各榫眼的透眼应在基面线以下至梁底之间，半眼应在基面线上至梁面之间。

2）桁（檩）之间对接应作燕尾榫，榫的长度和宽度均应为桁条直径的 1/4～3/10。

3）当穿插枋、跨空枋等拉结枋的端头作透榫时，应作大进小出榫，榫厚应为柱径的 1/5～1/4。其中半榫部分的长度应为柱径的 1/3～1/2。

（4）榫卯的制作质量要求

1）首先须打好榫眼。打眼时先打背面，后打正面，打出的眼要垂直方正，眼内两侧不可错槎，木屑要清理干净。打眼时要凿半线，留半线，即按孔边线下凿一半线宽，留下一半线宽，同时眼内上下端中部微凸出一些，这会使榫卯结合更牢固。

2）其次须开好榫。开出的榫要平、正、方、直、光，不得变形，其厚、宽窄要与眼一致。

（五）木构件安装（北方）

1. 古建筑安装顺序

（1）对号入座，不得任意更换位置。

（2）先内后外，先下后上。

（3）下架装齐，验核丈量，吊直拨正，牢固支戗。

（4）上架构件，顺序安装，中线相对，勤校勤量。

（5）大木装齐，再装椽望，瓦作完工，方可撤戗。

如一座四排柱（内两排金柱，外两排檐柱）建筑，首先要立明间里边金柱及金柱之间面宽方向的联系构件，其次依次安装次间、梢间及前后檐构件。最后安装外围前后檐柱及穿插枋，抱头梁，檐枋等构件。

2. 古建筑构件安装操作工艺要点

（1）严格按大木位置号标注的位置进行安装。

（2）应注意大木构件的安装顺序，每一部位的构件安装完成后要及时用丈杆核对尺寸，不可闯、退中线。确保尺寸准确无误后，掩上卡口。

（3）各种戗杆应位置正确、牢固，各部位柱子垂直、柱脚严实，外檐柱侧脚垂直于水平面。

3. 古建筑构件的安装工具

（1）各部位分丈杆。

（2）各种木工工具（锯、斧子、扁铲等）、大锤、线坠、戗杆、紮绑绳等。

4. 古建筑构件安装的质量标准

（1）外围柱子侧脚应符合要求，不应出现倒升。其余柱子应垂直于水平面。

（2）下架大木构件安装后各轴线尺寸应与丈杆尺寸一致。

（3）下架大木构件吊直拨正，验核尺寸后，应支戗牢固，施工过程中不能歪闪走动，不能任意移除戗杆。

5. 古建筑构件安装应注意的问题

（1）下架柱子安装时柱位应按位置号施工。

（2）防止柱子出现倒升。

（3）柱脚稳定，位置准确，各构件榫卯严实。

（4）各部位尺寸准确。

（六）木构件安装（南方）

1. 古建筑构件安装顺序

同（五）木构件安装（北方）1.（1）～（5）。

安装前搭设安装脚手架木结构的安装顺序为：先搭蒸笼架，木构架要居中分→把正间左右后步柱立起，把正间后步枋或正后轩枋与两柱连接的榫敲入柱眼，同样用木销贯穿→安装内四架大梁→竖边贴→安装正间的金童山和背童柱，并安装左右边间的前后川童柱和短川→安装桁条→椽子、里口木和楣檐条的安装→钉飞椽→戗角安装。

2. 古建筑构件安装操作工艺要点

（1）亲柱法的工艺要点

亲童柱亦是大木作中一项比较细致的工作，在圆梁构架中圆童柱与圆梁通过平行划线法，使童柱下端合口与圆梁背紧密吻合。

1）童柱的毛坯制作

将毛圆童柱做好，再将童柱锯好榫，初步锯出叉口，把童柱榫插入该梁部位眼内，后进行校准使童柱的中心线与大梁机面线成 $90°$ 角，并使童柱与梁端垂直中心线保持垂直。

2）亲合划线和修合

凿子的选用要依童柱的叉肩与圆梁交合程度而定，将凿子下靠梁上背。侧靠童柱，使凿子口与童柱平行与梁垂直，快速绕童柱一周，括出硬影。

（2）箍头仔的工艺要点

箍头仔常见于四界大梁与步柱，山界梁与金童，金川与金川童，边双步与边步柱。

箍头仔划线方法：

在梁底柱中处钉一块和柱口仔同宽的木条，再将柱对正梁点中心，柱中心线对梁头界中心，将柱口对正卡位木条插牢。然后进行与梁两个方向的垂直校正，并用大兜方校正梁与柱中线成直角，一边按梁机面线一边对看柱中心线。再用直尺校看两个方向的梁头中线和柱中线的平行，并校看柱底端中心线与梁底中线的平行。

（3）亲连机和拍口枋的工艺要点

连机是常用于廊桁和步桁之下与桁条开间同长的矩形条木。

1）先将连机两侧刨好，做净厚度，这时连机两侧面要求做直不绕曲。

2）亲连机：把桁条按于二脚马内并底面朝上。再将连机按在桁条底面上，连机的拱势要与桁条方向相同，这时桁条应将中线把垂直，连机放上去后亦要使桁条中心线对准连机中线并把垂直，可用直尺照看，扎紧过后还要验直头线与桁条垂直。

3）配亲头：在配亲头时由连机的边缘与桁条的空隙大小来定亲头的宽度。

4）修砍作合：把连机取下按所划线砍刨修正，再打拼钉眼或凿五分榫眼，之后可把拼钉或装好的榫头对着桁条底上的榫眼钉孔击入。

5）亲拍口枋：拍口枋与桁条接合时一般在拍口枋上装榫头在桁条底下做眼。

（4）桁条敲交的工艺要点（图4-49）

敲交术条常是在屋角转角处，最常见的是廊桁的交叉接合，形成90°角和六角形的120°。或八角形135°及扇形等的相交。桁条敲交具体做法如下图：

1）桁条的制作和划线：先行断料检查剔除两端有裂纹的木

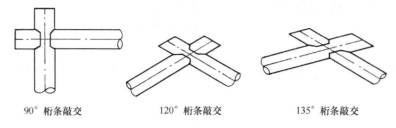

90°桁条敲交　　　　　120°桁条敲交　　　　　135°桁条敲交

图 4-49　桁条敲交做法（南方）

注：桁条敲交中留胆宽厚为桁条直径的 $\frac{1}{2}$。在 120°～135°中的桁条留头亦可作方

　头处理。

材，弹线进行毛砍，粗刨到细光。敲交桁条划线，划线方法一般是：先划出中线，分别弹出十字中心线，再划出敲交开间中心位置线和相交中心线，中心线要上下盘通，分出榫宽线，榫宽一般按不小于桁条直径的1/2。

　　2）敲交桁条开口交合：敲交桁条开口锯凿好口后要逐个进行交头试合。先把底交桁条放平于下面，并适当垫高进行修正和检验。

　　（5）汇榫的工艺要点

　　汇榫是大木作中一项重要的工作。所谓汇榫即是木构架的榫眼的汇合，如柱梁的密切配合，柱与一根枋子的配合，柱与两根枋子的对称配合等，都是该建筑构架进深、开间框架连接的尺寸定局，是关键一步。

　　1）汇榫的准备工作

　　第一步：把打好眼的柱子，由左到右分开排堆，并把写字记号向上便于及时取出。第二步：把每一边的边贴、梁双步枋子、川放在一起，把同开间的枋子、梁由左到右排列，前部、后部分开堆放。

　　2）汇榫的具体操作方法

　　就位准备：先将正左前步柱放于三脚马内，两端各一只，但柱子应尽量放水平，以便打销眼和看线验正。写字记号朝上，并检查榫眼是否正直，不正直的榫眼还要进行修整。

汇榫构件插入柱眼：在柱的底部端头按水平方向的中心线钉一块直尺板，直尺板上口对准中心线。先汇步柱的左右前两枋子，一块是左边间前步枋子，一块是正间前步枋子，把正左前步枋子按与步柱 90°的方向插入枋子眼位上，先一头搁于柱上，另一头搁在长凳上。

3）核准长度亲肩

用开间杆量出另一端枋子中心线（开间中点）到柱头中心线的长度。这时将开间杆直接放于枋子底上面，看开间中线与柱中线的距离比前量尺寸长出多少来配亲头。

4）插入复核

把锯好的枋子再插入柱眼，并用大兜方尺再次核看柱子与枋子是否成 90°角，以及两个方向的柱子、枋子的平行，然后用开间杆再次复核柱中与枋子另一端的开间中距，如一头枋子汇榫成功，就可取下，汇另一半枋子。

5）倒棱归堆

打好销子眼，最后要进行枋子肩口倒棱、榫头边缘的倒棱。这时汇榫基本成功，正左前步柱的两侧枋子汇好就可进行轩梁或双步梁或廊川的汇榫。

（6）戗角安装的工艺要点

戗角安装可在正屋椽子安装好后进行，亦可先进行，即使先行安装戗角部分，也不能离开基线出檐椽子，具体安装如下：

1）安配老戗

厅堂木架桁条接通，转角敲好，就可安装老戗，在转角敲交桁条面上划出斜角中线，即在廊桁、步桁上划好。按老戗的实际宽度在桁条斜角中线分出老戗的外皮线。把老戗放上去斜搁于上下两桁的交角中，先校正老戗下出叉势，再将老戗中心线对正角中心线。亦可按划好的老戗外皮线把正，使老戗左右对称后用凿子在桁侧延老戗底平两桁桁条中处，用凿子挖凿。按所划出的硬线，使老戗平稳坐于转角桁中，上与步桁相交处亦同样处理。

2）安装戗角部件

老戗配合好后须校正端头的垂直和 45°斜角中线，应看正戗端头和戗尾的中心与角柱是否三点成一线。然后方可用钉子固定，上面的吊梢钉须钉牢靠。随后把嫩戗装上固定，安装菱角木、扁担木，随即固定钉实。之后将千斤销徐徐插入，若有雕花的端头应用软垫垫衬用锤轻轻击进，这时随即进行嫩戗校正垂直，并可用木搭头帮助钉搭牢。

3）安装摔网椽

先把弯里口木配好，弯里口木的斜端头牡丹头应抱嫩戗，按嫩戗的浑边缘进三分。口诀称"弯弯里口进三分，跟通檐口亦要弯"。把弯里口木一头与嫩戗吻合，另一头与正屋的直里口木接通或钉于出檐椽中心，然后进行摔网椽装配，使一根根摔网椽尾靠紧，挨紧老戗边逐根进行。

4）安装立脚飞椽

先在钉好的摔网板上按摔网椽的交汇中心和弯里口木中心弹出摔网线（墨线）或用笔划出。该中线为立脚飞椽后尾根的中心线，安装立脚飞椽时，前部按弯里口木口，后尾则按所弹的中心线进行安装。

5）扫角檐装钉封檐板

封檐板的装钉：

① 摘檐板安装时可先从中间开始进行到戗头处收头。另一方法为从角处开始到中间做收头。

② 摘檐板的安装角度不是按水平垂直而是按屋面斜面 90°方向装钉的，俗称"顺滚倒"。

6）搭鳌壳

鳌壳是属屋面上的草架部分，戗角上的鳌壳如同房屋有回顶的上部，均要用草板加草桁搭接，使屋面曲线流畅又易于摊瓦。

具体搭戗角鳌壳的方法：

① 在搭上鳌壳前一定要检查戗角上的扁担木前后端的续角木（又称草沿戗角龙筋）承接弯势是否适当，可用一薄板按下，

观其弯曲度如何。

② 上鳖壳的鳖壳被一般在横钉板之间亦可留有空隙。由于上鳖壳较陡，一般钉好鳖壳板后在板面分段钉上几条灰板较小亦可壳板，但凡竖钉的上鳖壳板要分段多钉几条灰梗条，以便于做瓦下灰滑动。

3. 古建筑构件的安装工具

同（五）木构件安装（北方）3. 中内容。

4. 古建筑构件安装的质量标准（表 4-9、表 4-10）

地方做法木构架的允许偏差和检查方法　　表 4-9

序号	项目	允许偏差(mm)		检查方法
1	面宽、进深的轴线偏移	±5		尺量检查
2	垂直度（有收势侧脚扣除）	8		用仪器或吊线尺量检查
3	榫卯结构节点的间隙	柱径 200 以内	3	用楔形塞尺检查
		柱径 200～300 内	4	
		柱径 300～500 内	6	
		柱径 500 以上	8	
4	梁底中线与柱子中线相对	柱径 300 内	2	尺量检查
		柱径 300 以上	3	
5	整榀梁架上下中线错位	3		吊线和尺量检查
6	矮柱中线与梁背中线错位	3		吊线和尺量检查
7	桁（檩）与连击垫板枋子叠置面间隙	5		用楔形塞尺检查
8	桁条与桁碗之间的间隙	5		用楔形塞尺检查
9	桁条底面搁支点高度	10		水准仪检查
10	各桁中线齐直	3		拉线或目测检查
11	桁与桁连接间隙	±15		用楔形塞尺检查
12	总进深	±20		尺量检查
13	总开间	±20		尺量检查

戗角、木基层安装允许偏差和检验方法　　表 4-10

序号	项目		允许偏差（mm）	检查方法
1	老、嫩戗中心线与柱中心线偏差		5	吊线和尺量检查
2	每座建筑的嫩戗标高	亭	±10	用水准仪和尺量检查
		厅堂	±20	
3	每座建筑的老戗标高	亭	±5	用水准仪和尺量检查
		厅堂	±10	
4	封檐板、博风板平直	下边缘	5	用仪器或拉 10m 线（不足10m 拉通线）和尺量检查
		表面	8	用 2m 直尺和楔形塞尺检查
5	垫板平直	下边缘	5	用仪器或拉 10m 线（不足10m 拉通线）和尺量检查
		表面	6	用 2m 直尺和楔形塞尺检查
6	单构件的标高		±3	用水准仪和尺量检查
7	每步架的举高		±5	用水准仪和尺量检查
8	举架的总高		±15	用水准仪和尺量检查
9	檐椽、飞椽头齐直		3	以间为单位拉线尺量检查
10	同一间椽档		±4	尺量检查
11	眠檐、里口木头齐直		±3	拉通线尺量检查
12	露明处望板缝隙		3	用楔形塞尺检查
13	上、下椽中线对准齐直，两椽相接平直		3	拉线或目测检查
14	桁条接头间隙		3	用楔形塞尺检查

5. 古建筑构件安装应注意的问题

（1）木构架安装前，汇榫工作应全部合格。木构架各构件应按照安装顺序先后运至现场，且应按各构件名称放至就位点。

（2）大木构件安装应遵循"先内后外，先下后上，对号入位"的原则进行。

（3）穿斗式木构架安装，应从房屋的端头开始，并应在地上将柱和梁及各横向构件连接成一整榀，经校正无误后，方可将构架整榀吊装就位。然后应按先下后上，先里后外的次序安装枋类、桁类等构件。

（4）大木构架安装的同时吊柱中线，边用支撑临时固定（开间、进深两个方向）木构架。木撑必须支撑牢固可靠，下端应顶在斜形木板上（上山爬），能前、后、左、右灵活调整木柱的垂直度。

（5）草架木构件与露明木构件的节点、加固铁构件应隐蔽。

（6）木构架各构件安装完毕后，应对各构件复核、校正。

（七）木构件雕刻（北方）

1. 雕刻的基本手法

（1）浮雕；（2）镂空雕刻；（3）立体圆雕；（4）线雕。

2. 雕刻图案的种类

植物、花卉类型的雕刻图案；龙凤异兽等动物题材；文字、几何图形题材；吉祥寓意的图案；人物故事。

3. 常用手工工具及保养

常用工具：斜凿、正口凿、反口凿、圆凿、翘、溜勾、翘手、钢丝锯等。

常用工具的保养：用完后及时上油，用布袋包好，分种类存放。

（八）木构件雕刻（南方）

1. 常用手工工具使用及保养

木雕工具有不开口的小斧头，硬木锤、凿子、雕刀和磨石等。

凿子分平凿、圆凿、翘头凿、蝴蝶凿、三角凿五种。

常用工具的保养：用完后及时上油，用布袋包好，分种类存放。

2. 雕刻种类

（1）常见的木雕

1）浮雕；2）线雕；3）透雕；立体雕。

（2）建筑雕刻件举例

古建筑木构件外，在大木构架中，尚有部分构件为使建筑构架更有可看性，在保障构架的原有使用功能和强度外，对其进行了雕刻修饰。例如：

1）山雾云；2）抱梁云；3）梁垫；4）棹木；5）封拱板；6）垫拱板；7）水浪机和花机。

除上述的雕刻件外，尚有许多特殊情况下的装饰件，如偷步柱花篮厅的花篮头、插件等雕花件，此类雕花件常以花草为主题，雕刻手法以浮雕、镂雕为主。

（九）大木构架修缮（北方）

古建木构件修缮常见内容及做法主要有：墩接柱根、板攒包镶、剔补构件、抽换构件、大木归安、大木拆安、更换构件、局部更换椽望翼角、挑顶以及打牮拨正、铁活加固等。

（十）大木构架修缮（南方）

1. 大木构架修复工艺顺序

全面查看危险性确定方案—整体木构架的歪斜扶正—整体木构架的临时支撑加固—木构架拆卸—木构架的维修—整体木构架的加固—受压、受弯构件的维修加固技术—新换受压、受弯构件的制作安装。

2. 木构架修缮的质量标准（表 4-11）

木结构修缮的质量标准　　　　　　　　　表 4-11

序号	项目	允许偏差（mm）	检查方法
1	圆形构件圆度	4	用专制圆度工具检查
2	垂直度	3	用仪器或吊线尺量检查
3	榫卯节点的间隙	2	用楔形塞尺检查
4	表面平整（方木）	3	用直尺和楔形塞尺检查
5	表面平整（圆木）	4	用直尺和楔形塞尺检查
6	上口平真	8	以间为单位拉线尺量检查
7	出挑齐直	3	以间为单位拉线尺量检查
8	轴线位移	±5	尺量检查

3. 木构架修缮应注意的问题

（1）木构架修缮应遵守"尽量不干预"及"保持原状"的原则。

（2）当柱类构件损坏面积不大于柱断面积 1/3、明柱下端损坏高度不大于柱高或底层高的 1/5、暗柱损坏长度不大于柱高或底层高的 1/3 时，应做墩接，否则应替换。

（十一）质量通病的防治（北方）

（1）保证修缮工程所需材料的质量，木材含水率，保证材料合格。

（2）保证施工人员的技术水平。在开展具体的修缮工作之前，应当注重对施工人员技术水平的考核和技术质量交底，并进行施工过程中的质量抽查，充分确保修缮工程质量及修缮效果。

（3）严格按操作规程进行施工。

（十二）质量通病的防治（南方）

1. 木材受潮腐烂的防治

木材自身防腐，在选用大木构架用材时，根据建筑所在地的空气、湿度、降雨量等自然状况，选择能适应当地气候的木材。

2. 木构架防虫

木结构防虫主要针对的是对白蚁的防治，一般有专业的白蚁防治中心，使用专用药水进行处理；新建木结构工程的材料，会在安装前进行全面的喷撒；已完成的工程，可在木结构底部进行药水灌入处理。

3. 重点文物古建筑木构架的防火工作应对所有构件，全面喷洒，对其节点、横层等重点设防部位的防虫方法如上。

五、斗拱（北方、南方）

（一）斗拱的种类和用途（北方）

在建筑的檐下安装斗拱是中国古建筑特有的型制。斗拱最早是木构架的重要组成部分，与木结构相互穿插咬合，是一个整体，并没有明显的分工。它的作用主要是使屋檐挑出更远，以达到保护木构架和墙体不受雨水侵蚀的目的。宋元之后，木构架和斗拱逐渐分开，斗拱也就成了相对独立的部分。

在唐、宋及其后的建筑中，斗拱成为高等级建筑特有的型制，一般平民百姓的建筑不得使用斗拱。

斗拱一般用在下架大木（柱、枋）以上，上架大木（梁、架）以下，在柱梁之间，起传导屋面荷载、加大屋顶出檐和减震的作用。

在明、清木构建筑中，斗拱有内檐斗拱和外檐斗拱之分，外檐斗拱一般分为柱头斗拱（柱头科）、转角斗拱（角科）、平身斗拱（平身科）（图5-1）；按出踩（即向外挑出）多少又可分为三踩、五踩、七踩、九踩、十一踩斗拱（统称出踩斗拱）和不出踩斗拱（图5-2～图5-6）。

此外，斗拱用于不同建筑或同一建筑的不同部位，或与其他构件合用，还有其他名称，如内檐品字斗拱、襻间斗拱、隔架斗拱、藻井斗拱、牌楼斗拱等（图5-7～图5-12）。

在斗拱与大木分离的过程中还产生过溜金斗拱这种过度形态（图5-13、图5-14）。

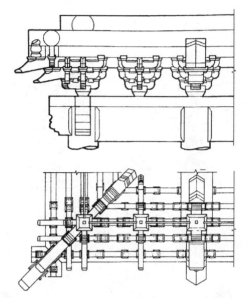

图 5-1　柱头科、平身科、角科立面、平面图示

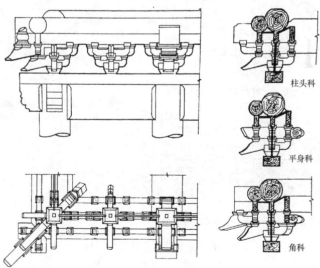

柱头科

平身科

角科

图 5-2　三踩（柱头科、平身科、角科）斗拱

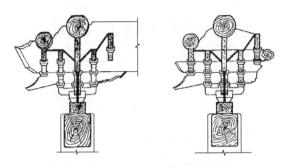

图 5-3　五踩斗拱剖面图

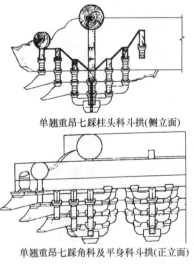

单翘重昂七踩柱头科斗拱(侧立面)

单翘重昂七踩平身科斗拱(侧立面)

单翘重昂七踩角科及平身科斗拱(正立面)

图 5-4　七踩（柱头科、平身科、角科）斗拱

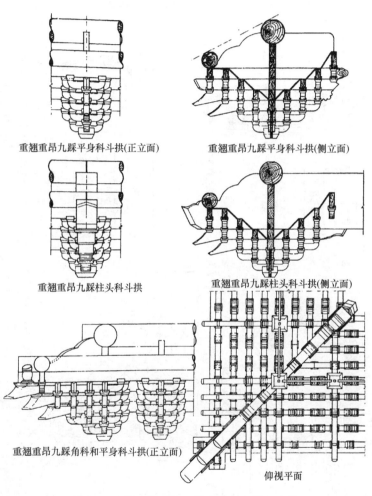

重翘重昂九踩平身科斗拱(正立面)　　　重翘重昂九踩平身科斗拱(侧立面)

重翘重昂九踩柱头科斗拱　　　重翘重昂九踩柱头科斗拱(侧立面)

重翘重昂九踩角科和平身科斗拱(正立面)　　　仰视平面

图 5-5　九踩（柱头科、平身科、角科）斗拱

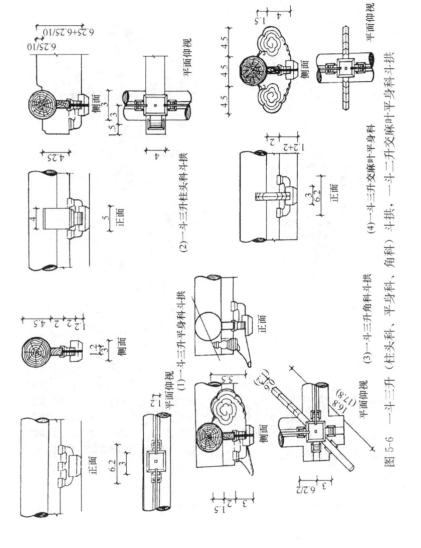

图 5-6 一斗三升（柱头科、平身科、角科）斗拱，一斗三升交麻叶平身科斗拱

（1）一斗三升平身科斗拱　（2）一斗三升柱头科斗拱　（3）一斗三升角科斗拱　（4）一斗三升交麻叶平身科

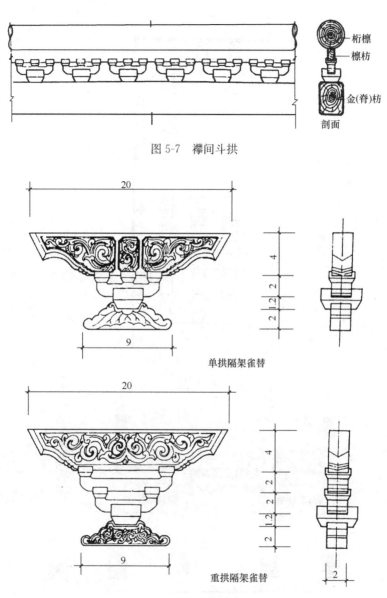

桁檩

檩枋

金(脊)枋

剖面

图 5-7　襻间斗拱

20

4

2

1.2 2

2

9

单拱隔架雀替

20

4

2

2

1.2

2

9

2

重拱隔架雀替

图 5-8　隔架斗拱

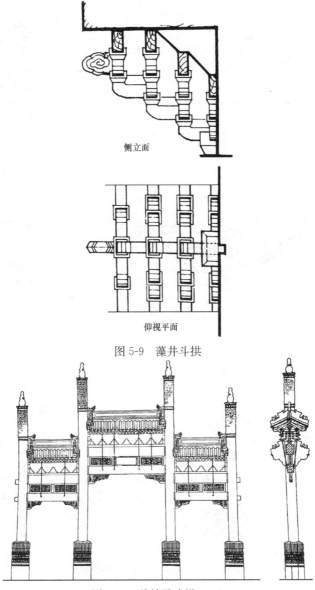

側立面

仰視平面

图 5-9　藻井斗拱

图 5-10　牌楼及斗拱（一）

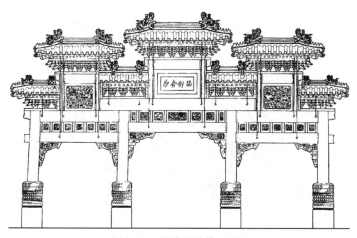

图 5-11　牌楼及斗拱（二）

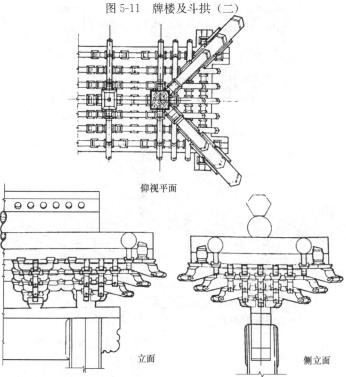

仰视平面

立面　　　　　　　　　　侧立面

图 5-12　牌楼斗拱构造

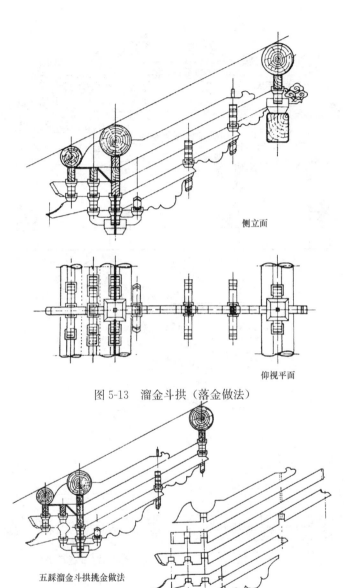

侧立面

仰视平面

图 5-13　溜金斗拱（落金做法）

五踩溜金斗拱挑金做法

溜金斗拱分件图

图 5-14　溜金斗拱（挑金做法）

（二）斗拱的种类和用途（南方）

1. 斗拱牌科的种类

南方斗拱按照不同外形构造分为：一字斗拱、十字斗拱、丁字斗拱、网型斗拱。

2. 斗拱牌科的用途

斗拱在中国古建筑中起着十分重要的作用，主要有三个方面：

（1）它位于柱与梁之间，由屋面和上层构架传下来的荷载，要通过斗拱传给柱子，再由柱传到基础，因此，它起着承上启下，传递荷载的作用。

（2）它向外出挑，可把最外层的桁檩挑出一定距离，使建筑物出檐更加深远，造型更加优美、壮观。

（3）中国古建筑屋顶挑檐采用斗拱形式的较之没有斗拱的，在同样的地震烈度下抗震能力要强得多。斗拱是榫卯结合的一种标准构件，是力传递的中介。过去人们一直认为斗拱是建筑装饰物，而研究证明，斗拱能把屋檐重量均匀地托住，可起到平衡稳定的作用。

（三）斗拱的基本构造（北方）

斗拱主要由坐斗、拱（瓜拱、万拱、厢拱）、翘、昂、耍头、撑头木和放置于拱两端的三才升、槽升子，以及放置于翘、昂等构件前后的十八斗，齐心斗等组成。在拱与拱之间还有斜盖斗板、盖斗板、相邻斗拱之间有垫拱板。

斗拱的横拱与翘、昂等纵向构件凭刻半榫十字相交，每层构件凭木销结合在一起，一层层叠加，如同人们在炕上铺一层层的褥子，所以，宋代称之为"铺作"。

（四）斗拱的基本构造（南方）

斗拱是由多构件组成的一个过渡构件。南方称之为牌科。其位置设在柱头之上，桁条或大梁之下（图5-15）。

图5-15　柱斗科（南方）

1.斗拱按不同外形构造区分，可分为以下四种：

（1）一字斗拱：一般用于桁间和随梁枋上，有一斗三升斗拱和一斗六升斗拱，形象为一字上下叠（图5-16）。

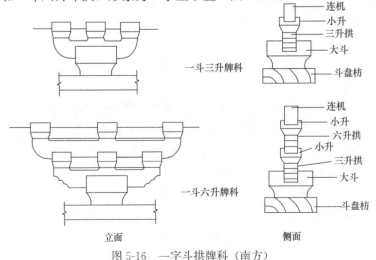

图5-16　一字斗拱牌科（南方）

（2）十字斗拱：是由十字斗拱和中间十字设：拱昂、云头，作前后出参（出跳），常用于金童、步柱、前后廊的外檐（图5-17）

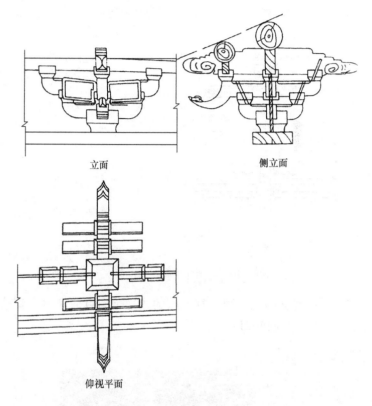

立面　　　　　　　　　侧立面

仰视平面

图 5-17　十字斗拱牌科（南方）

（3）丁字斗拱：一字斗拱中间设一面向外出跳，成丁字形。常见于前后廊的廊坊上，均朝外飞跳拱昂云，内观为一斗三升或一斗六升的一字斗拱（图5-18）。

（4）网型斗拱：常用于牌楼上的斗拱，所用的拱斗升较小，再加上斗拱出参多，层层斗拱相通，斗拱井交，且由于用上了斜拱、斜昂和插拱、插昂等，平面上多为两个方向出参的网状斗拱。

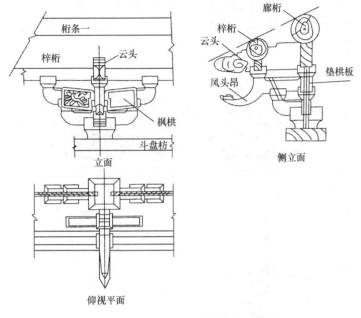

桁条一
梓桁
云头
枫栱
斗盘枋
立面

廊桁
梓桁
云头
垫栱板
凤头昂
侧立面

仰视平面

图 5-18　丁字斗拱牌科（南方）

2. 斗拱根据朝代不同，有不同的式样，而目前南方以清式
为主（图 5-19～图 5-21）。

图 5-19　唐式柱头科其（铺作）立面图（南方）

图 5-20　清式斗拱（南方）

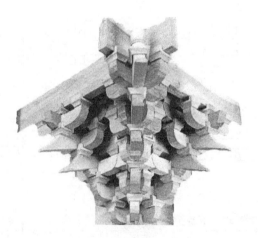

图 5-21　宋式斗拱（南方）

（五）斗拱的制作（北方）

1. 首先按斗口分等级，各构件的长、高，各构件部位榫卯构造制作出划线用的样板（斗拱分件侧样）；

2. 同时按斗拱构件的长、宽（厚）等尺寸备料并加工成所需的规格尺寸；

3. 用制备好的斗拱划线样板在斗拱料上划线（刻口线，袖肩线、端头昂翘卷杀线、销子眼线、拱眼线等）；

4. 按线锯解、刻口、剔袖，做拱昂头尾装饰，做拱眼等；

5. 按斗拱构造进行试装后按攒捆扎待用（图5-22、图5-23）。

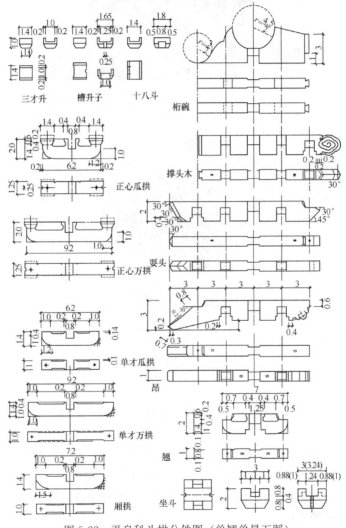

图5-22 平身科斗拱分件图（单翘单昂五踩）

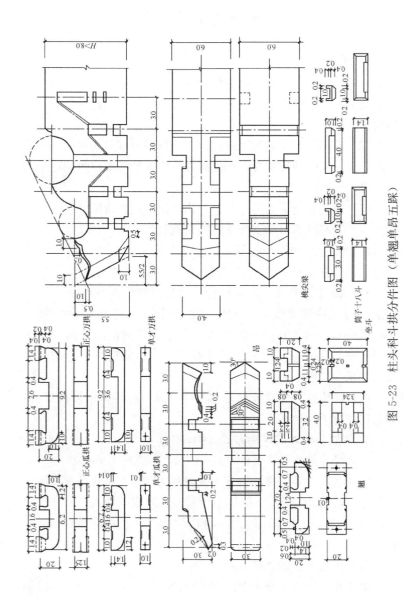

图 5-23 柱头科斗拱分件图（单翘单昂五踩）

143

（六）斗拱的制作（南方）

1. 选材

（1）选用抗裂性较好的材种制作斗拱，衡量抗裂性能的直观方法是对材种木纹的选择。通常木纹交织的木材不易开裂，常见的树种为香樟。

（2）选用抗压性能较好的材种。斗拱中的部分构件应具备承压功能。抗压的硬质木材，例如阔叶树中的麻栎等树种较适于制作斗拱。

（3）选用质地结实的针叶树制作斗拱，例如常用的自然生长性杉木，其底端芯材是制作斗拱的首选材料。

2. 放足尺大样及出样板

（1）根据斗拱平面布置图放置 1∶1 足尺大样。大样的式样除符合设计要求外，尚应符合斗拱所反映的时代特征，传统做法，地方特征等要求。大样的各部分尺寸除满足设计要求外，尚应符合大木构架整体的尺寸要求。各构件的分部尺寸相加应等于总尺寸，且各分部尺寸都应符合《营造法式》或地方做法要求。

（2）各构件分部样板尺寸与大样一致，将各构件样板组合，其总尺寸等于大样所示尺寸。

3. 斗拱各构件的连接方式（图 5-24）

（1）坐斗与斗盘方枋的联法

坐斗底面做斗桩榫，以五七式牌科为例，斗桩榫的宽、厚均为 1 寸，约为 28mm。斗桩榫由硬质木材制成，埋入斗内深度为 1.2～1.5 倍斗桩榫宽；埋入斗盘枋深度为斗盘枋厚度的 3/8～1/2。

（2）拱与坐斗的联结方式

坐斗斗口中心位置留底，所留高度为斗高之 1/10，用以固定斗三升拱在斗口内的位置。

（3）丁字拱、十字拱与三升拱的联结方式

丁字拱在尾部做摘榫（又称燕尾榫）与三升拱联结。摘榫的高度一般为拱厚度的1/2；十字拱与三升拱相交，用敲交方式联结，三升拱做底交，十字拱做面交。要求较高的敲交，三升拱与十字拱相交部位做护肩，使两拱相交点结合更紧密。

图 5-24　角科（南方）

（七）斗拱的安装（北方）

待下架柱、枋及平板枋安装完毕后将制作好的斗拱运至现场，对应放置于不同部位的脚手架上，解开绑扎斗拱的绳子，按自下而上的程序逐层安装大斗、正心拱、头翘、十八斗、三才升，斗拱之间的垫拱板，以及联系各攒斗拱的拽枋（里外拽枋、正心枋、挑檐枋、井口枋等）。每层构件之间均应保证榫卯、刻口严实，构件平、直、顺，单攒斗拱整体性强，各攒斗拱间应联系紧密稳定结实（图 5-25）。

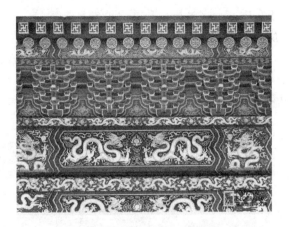

图 5-25　建筑实物上的斗拱

（八）斗拱的安装（南方）

1. 安装准备

（1）安装用支架

安装丁字形，十字形斗拱时，应在其悬挑昂、拱类构件底面标高位置，事先用平直的木方搭设一支架，用于安装斗拱时搁支丁字拱、十字拱、昂、云头等悬挑构件，以保障构件安全。

（2）搭设满铺脚手架

待木构架就位后，在安装斗拱位置的前后两侧搭设满铺脚手架，用以摆放斗拱构件，并作为安装平台。不应在无安全保障的情况下进行安装。

2. 安装顺序 （图 5-26）

柱头科、角科应随着其上的梁类构件安装而先期安装，然后安装桁向排科。在安装斗拱时应拉统线，对照构件的水平度和悬挑构件外挑长度，并以统线为准，及时微调构件的水平及悬挑长度，避免事后发现安装缺陷导致难以修整。

图 5-26 昂、拱类构件在一水平上和一直线上

（九）斗拱修缮（北方）

斗拱位于上架大木（包括屋顶）与下架大木之间，是承上启下，传导荷载的部位斗拱最易损坏的构件是坐斗，最容易被压扁、压裂。柱头科斗拱、角科斗拱上面传导的荷载更大，更容易压坏。平身科斗拱的内外拱子容易压弯，小斗、斜斗板、盖斗板容易缺失。斗拱修缮主要是更换、填补缺失损坏的构件。

斗拱的细部做法往往反映不同时代建筑的不同型制和做法，比如，明代及以前的斗（升）底有颤，而清代没有，另外，头饰、尾饰、拱眼的做法也不同。所以，修缮添配时须按原有型制、做法去添配，不可轻易改变做法。

（十）斗拱修缮（南方）

1. 斗拱修缮时须严格把握原构件尺度，法式，做法特征。

对文物古建筑斗拱修缮时须先对斗拱进行拍照、测绘、根据损坏程度编制修补方案，经相关部门确认，审定后才可以实施。

2. 修缮后的斗拱应与原件一致。对文物古建筑斗拱的各构件，应按原构件拓样后出样板，按样制作修复。

3. 对文物古建筑的斗拱修缮的用材应尽量尊重历史原貌，尚且无法满足的则应用质和色近似之材料制作、完善损坏部分。

4. 修缮后的斗拱应构件齐全，各构件水平度、垂直度良好，加固、补强用的辅助构件基本隐蔽，使用安全。

（十一）质量通病及防治（北方）

斗拱制作下料不准、榫卯安装不严、各层构件安装不实、是主要通病。

斗拱单件制作完成后一定要试装，在试装时把不严的刻口，卯眼修理严实。试装后要把每攒斗拱用绳子捆好待用。

正式安装时要按事先试装时构件之间的组合顺序进行组装，不要任意更换位置或方向，以防再度出现不严不实现象。

安装时要拉线，要保证构件高低出进跟线。

（十二）质量通病及防治（南方）

斗拱构件较小，又处于檐下起承重作用，很容易损坏。常见的斗拱损坏类型大致有这样几种情况：

（1）由于桁檩额枋弯曲下垂，造成斗拱亦随之下垂变形；

（2）斗拱（特别是角科斗拱）构件被压弯或压断；

（3）坐斗劈裂变形；

（4）升耳残缺或升斗残缺丢失；

（5）昂嘴等伸出构件断裂丢失；

（6）正心枋、拽枋等弯曲变形；

（7）垫拱板、盖斗板等残破丢失。

斗拱修缮时，对细部处理应特别慎重。例如拱瓣、拱眼、昂嘴、耍头、翘头等细部的处理，有非常明显的时代特征，一些细微的变化都代表着不同时代的不同做法。因此，在恢复时应严格按原有构件的特征进行仿制，不得不加研究分析，一概按宋式或清式做法来复制。

六、木装修（北方、南方）

（一）木装修的种类（北方）

1. 槛框及附件类

槛框是房屋结构构件柱、梁、枋与门窗扇等部件之间过渡连接部分。

槛与框分指两个方向的构件，横向为槛，竖向为框；槛框附件是安装在槛框上面的附属构件。

（1）大门类槛框及附件（见图 6-1）

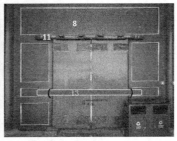

图 6-1　大门槛框各部位名称组图

槛：1—上槛　2—中槛（中枋、挂空槛）　3—下槛　4—腰枋

框：5—长抱框　6—短抱框　7—门框

板：8—门头（走马）板　9—余塞板　10—绦环板

附件：11—连槛　12—门簪　13—门闩（杠）　14—门枕

（2）隔扇、槛窗类槛框（见图 6-2）

2. 板门类

实榻门、攒边门、撒带门、屏门。

（1）实榻门：多用于城门、宫殿（图 6-3、图 6-4）。

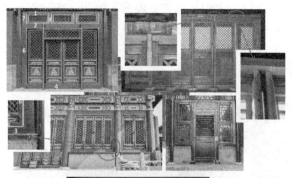

图 6-2 隔扇、槛窗槛框各部位名称组图

槛：1—上槛 2—中槛（中枋、挂空槛） 3—风槛 4—下槛 5—榻板
框：6—长抱框 7—短抱框 8—风门门框 9—间框（柱）
附件：10—单槛 11—双（连二）槛 12—栓杆 13—门枕

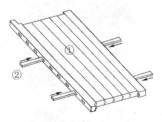

图 6-3 实榻门实物　　　　图 6-4 实榻门构造（摘自马炳坚
　　　　　　　　　　　　《中国古建筑木作营造技术》）
　　　　　　　　　　　　①：门板；②：抄手带

（2）攒边门：多用于庙宇、府邸、民居、街门、垂花门（图6-5、图6-6）。

图 6-5 攒边门实物
①：门轴（上）附：套筒、护口（寿山）；②：连楹；③：插关梁（竖向）、插关（横向）；④：门闩环；⑤：门闩（杠）；⑥：门枕石；⑦：门轴（下）附：套筒、踩钉、海窝

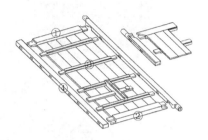

图 6-6 攒边门构造（摘自马炳坚《中国古建筑木作营造技术》）
①：上抹头；②：下抹头；③：穿带；④：门边

（3）撒带门：多用于庙宇、民居、街门（图6-7、图6-8）。

图 6-7 撒带门实物

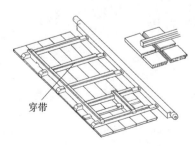

穿带

图 6-8 撒带门构造（摘自马炳坚《中国古建筑木作营造技术》）

（4）屏门：多用于随墙门、垂花门等（图6-9、图6-10）。

图6-9 屏门实物

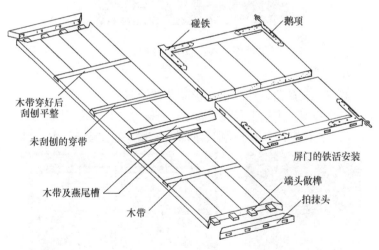

图6-10 屏门构造（摘自马炳坚《中国古建筑木作营造技术》）

3. 隔扇、门类

外檐隔扇、风门、帘架；内檐碧纱橱（图6-11、图6-12）。

图 6-11　隔扇门类

①外檐隔扇、②帘架、③风门

图 6-12　内檐碧纱橱

4. 窗类

槛窗、支摘窗、什锦窗、横陂及楣子窗。

（1）槛窗：多用于宫殿、庙宇、府邸等公共建筑（图 6-13）。

（2）支摘窗：多用于民居、府邸、宫殿等居住建筑（图 6-14）。

图 6-13　槛窗、横陂窗

①：槛窗；②：横陂窗

图 6-14　支摘窗

（3）什锦窗：多用于庭园隔墙（图 6-15）。

（4）横陂及楣子窗：在槛窗、隔扇之上配套使用（图 6-13）。

图 6-15　什锦窗（图片来自园博会工程）

5. 栏杆、楣子类

寻杖栏杆、花栏杆、靠背栏杆、坐凳楣子、倒挂楣子。

（1）栉仗栏杆：多用于宫殿、府邸、园林等建筑（图 6-16）。

（2）花栏杆：多用于府邸、民居、园林等建筑（图 6-17）。

图 6-16　栉仗栏杆

图 6-17　花栏杆

（3）靠背栏杆：多用于园林景观等建筑（图 6-18）。

（4）坐凳楣子、倒挂楣子：多用于府邸内宅、民居、园林等建筑（图 6-19）。

图 6-18　靠背栏杆（图片来自网络）

图 6-19　楣子类
①坐凳楣子　②倒挂楣子

6. 花罩类

几腿罩、栏杆罩、落地罩等，多用于宫殿、府邸的居住建筑及民居等（图 6-20～图 6-27）。

图 6-20　几腿炕罩

图 6-21　落地炕罩

图 6-22　几腿花罩

图 6-23　栏杆罩

图 6-24　落地罩、太师壁

图 6-25　落地花罩

图 6-26　圆光罩

图 6-27　异形（八方等）花罩

7. 天花、藻井类

井口天花、海墁天花、藻井、木顶槅（图 6-28～图 6-31）。

（1）井口天花：用于宫殿、庙宇、府邸、园林等公共建筑。

（2）海墁天花：用于宫殿、庙宇、府邸、园林等公共建筑。

（3）藻井：用于宫殿、庙宇、府邸、园林等建筑。

（4）木顶槅：用于宫殿、庙宇、府邸中的居住房屋以及园林、民居等建筑。

图 6-28　井口天花

图 6-29　海墁天花

图 6-30　藻井（摘自故宫建筑内檐装修
　　　—故宫博物院古建筑管理部编）

图 6-31　木顶槅

8. 其他

博古架、板壁、楼梯等（图 6-32～图 6-35）。

（1）博古架：用于室内装修陈设。

（2）板壁：用于室内装修。

（3）楼梯：用于宫殿、庙宇、府邸、园林、民居等建筑。

图 6-32 博古架

图 6-33 板壁

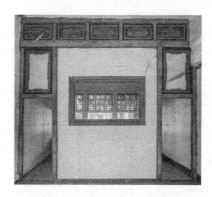
图 6-34 太师壁

图 6-35 楼梯

（二）木装修的种类（南方）

木装修所包含的内容有各式木门，内外窗、扇、沙隔、飞罩、落地罩、提杆、挂落、美人靠、木生槛、天花板、井罩（澡井）、博古架、上下槛、抱柱等是木屋架以外的且对建筑起护卫、使用功能的构件（图 6-36、图 6-37）。

木装修从艺术角度大致分类两种：一种为宫式做法（图 6-38、图 6-40），另一种为葵式做法（图 6-39）。

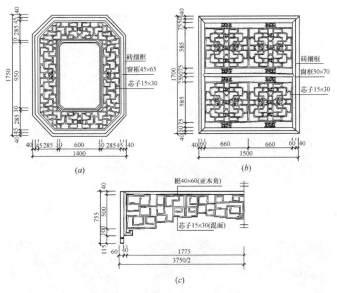

图 6-36　八角窗、方窗、挂落

(a) 八角窗；(b) 方窗；(c) 挂落（南方）

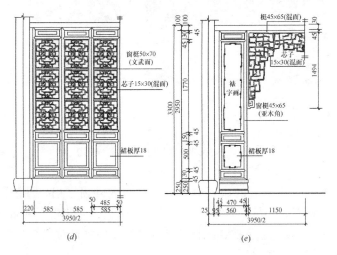

图 6-37　长窗、飞罩

(d) 长窗；(e) 飞罩（南方）

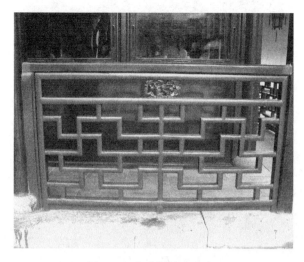

图 6-38　宫式做法（南方）

　　宫式做法是以一种简洁手法制作的装折，其基本特征是装折构件之芯类构件都呈平直形状，以直线条组成，感觉挺拔，大方有力。

图 6-39　葵式做法（南方）

图 6-40　宫式做法的挂落（南方）

（三）木装修制作（北方）

1. 槛框制作与组装

（1）大门槛框制作与组装

大门槛框各部位名称标注见图 6-1。

槛框是房屋结构构件柱、梁、枋与门窗等部件之间的过渡连接部分。

槛框制作要点及程序（图 6-41、图 6-42）：

1）制作：加工规格料→按尺寸及榫卯位置画线→榫卯及框线制作→码放待安装。

2）组装：安装下槛（含门枕石）→安装抱框（岔活、砍抱豁）→安装门框、余塞腰枋→安装中槛→安装上槛→安装短抱框→安装走马版、余塞板→安装连楹→安装门簪。

（2）隔扇槛框制作与组装（含槛窗槛框制作与组装）

隔扇槛框各部位名称标注见图 6-2。

槛框制作要点及程序：

1）制作：加工规格料→按尺寸及榫卯位置划线→榫卯及框

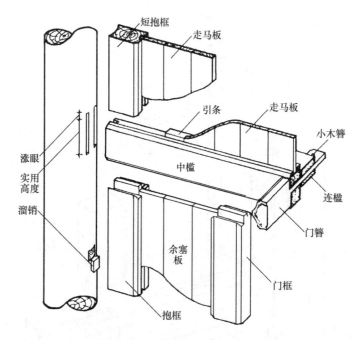

图 6-41 中槛、门框、门簪构造

线制作→码放待安装。

2）组装：安装下槛、风槛→安装抱框（岔活、砍抱豁）→安装中槛→安装上槛→安装短抱框→安装横披间框→安装连楹。

2. 门制作与组装

（1）实榻门

实榻门榫卯构造参见图 6-3、图 6-4。

制作组装：加工规格料→放制样板→划线→制作→组装成形→核尺标写位置号→码放待安装。

（2）隔扇门

制作组装：加工规格料→划线→制作→组装成形→核对尺寸标写位置号→码放待安装。

（3）碧纱橱

制作组装：加工规格料→放制样板→划线→制作→组装成形

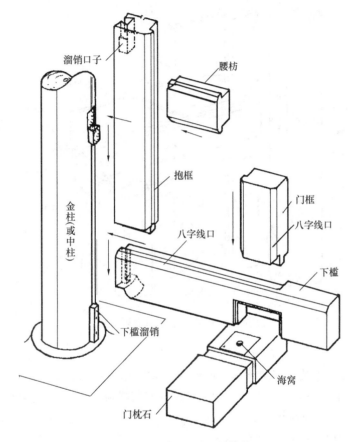

图 6-42 下槛、门枕、抱框构造

→核对尺寸标写位置号→码放待安装。

3. 窗制作与组装（槛窗、支摘窗）

同隔扇门。

4. 栏杆、楣子制作与组装

（1）寻杖栏杆制作与组装

制作组装（图 6-43）：加工规格料→放制样板→划线→制作
→组装成形→核尺编号→码放待安装。

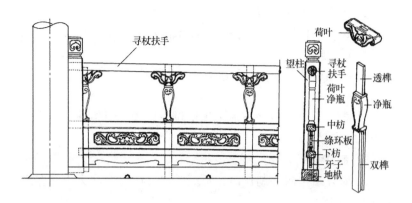

图 6-43 寻杖栏杆及其构造（摘自马炳坚《中国古建筑木作营造技术》）

（2）花栏杆制作与组装

制作组装：加工规格料→放制样板→划线→制作→组装成形→核尺编号→码放待安装。

（3）楣子制作与组装

制作组装：加工规格料→放制样板→划线→制作→组装成形→核尺编号→码放待安装。

5. 天花、藻井制作与组装

（1）井口天花

1）制作组装：加工规格料→划线→制作→码放待安装。

2）制作与组装要点：

① 天花支条榫接，起线，拼板、穿带预加工，现场安装；

② 支条

a. 通支条：随帽儿梁沿面宽方向每两井通长布置一根，可与帽儿梁连做也可分体做钉接；

b. 连二支条：通支条之间顺进深方向每两井通长布置一根；

c. 单支条：连二支条之间沿面宽方向每井布置一根。

（2）木顶槅

1）制作组装：加工规格料→划线→制作→组装成形→核对

尺寸编号→码放待安装。

2）制作与组装要点：

① 每扇木顶格安装，铁吊杆或木吊挂不少于 4 根（根据单扇尺寸可适当增加）；

② 木顶格销子连接，每扇不少于 4 个。

（3）藻井

1）制作组装：放样→加工规格料→划线→制作→组装成形→码放待安装。

2）制作与组装要点：

① 藻井结构构件制作时，长短趴梁、抹角梁同大木，斗拱构件制作同斗拱。

② 进深各梁上安装藻井下层井口、抹角梁枋；安装圆穹（圆井）背板、斗拱；根据藻井形式或续装上层井口、抹角梁枋或安放上层圆穹（圆井）背板、斗拱；各层梁枋采用搭接、刻口榫接的方式相互连接并随层安装悬吊加固铁件，确保牢固。

（四）木装修制作（南方）

1. 门制作

（1）几种常用门的种类

1）实拼门（俗称"库门"）；2）对子门；3）屏门；4）将军门；5）隔扇门，也称纱隔。

（2）门制作

1）实拼门制作：

① 配料和拼缝

实拼门配料，长度按门长度尺寸放 1 寸，在摇梗处放长 2.5～3/寸。门的宽度按平缝和高低缝不同放出余量，在配拼板时靠二边摇梗门轴处的板应适当宽些。

② 推平配门做记号

将门板就地或在操作台上堆平，按需要的尺寸进行配板。

③ 凿销眼、钻拼钉孔、叠缝

把门板侧面放起，划出两侧的销眼及拼钉孔的中心线，即可进行凿眼及打钻钉孔。

④ 门拼合加销

在拼合门时要注意门板的垂直，拼钉与门应垂直。打敲合时要用大木锤衬替打木逐步平行向下击合。

⑤ 实拼拍横头做及实拼穿挡做

2）屏门制作

屏门常分两种做法：一为框架穿楗门；二为实木板门。

屏门做法的顺序：

① 配料、刨料、划线

② 凿眼、开榫、锯角刨槽

③ 做面板并合成

2. 窗制作

（1）窗的分类

1）外檐长窗：外檐长窗以宕为单位。一般一宕为六扇或八扇，可在建筑的前后立面正间各装一宕，也可在建筑前、后立面都装长窗（图 6-44）。

2）半窗：半窗即短窗，一般位于长窗同一立面，长窗置于

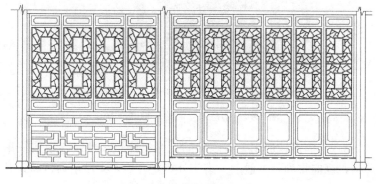

图 6-44　外檐长窗（南方）

正间，半窗则为二边间（图 6-45、图 6-46）。

图 6-45　半窗（南方）

图 6-46　半窗外立面的一种（南方）

　　3）支摘窗：适用于临水的舫、榭类建筑，常以二扇或三扇一组，纵向排列，一般上一扇为外掀式开启，下一扇为折卸式开启。通常一间内设三组到四组和合窗（图 6-47）。

图 6-47　和合窗（南方）

（2）各类长短窗的制作

1）长短窗制作

江南长窗的构件名称（图 6-48）：窗框，窗竖向的两根主料窗的长度，窗横头是窗格横档，也称上、下冒头，是窗的宽度尺寸。中间横档位中横头，上下横头和中横头相隔的上称上隔堂。窗上中部的条子和格式部分称芯子。裙板亦有用于靠外檐的窗，外裙板也可称雨挞板。

① 配料、刨料

配料刨料：窗桯毛料一般长度按尺寸放一寸半至二寸。横头放长三分至五分，断面按尺寸分，双面刨放大一分半至二分，单面刨放大一分即可。

对于窗格内芯子的配料要进行计算，根据不同的芯子花样，按"直条依线，繁琐按样"的原则来计算。

② 划线、打眼

把刨好的规格料放在划线架上，可按各类不同的窗格尺寸，按样划窗格的外框。

窗格打眼，打眼时，出榫去半线，半眼留线打。

③ 打尖截肩（图 6-49）

把凿好眼的窗桯、芯子和锯好的榫的横档料放于桌台上，按割角线把框上的斜合角线用小细锯截出线，直到隔线止。横头上正面锯合角，如是单面线的（即反面）要截出平肩线。

④ 起线面刨打槽（图 6-50）

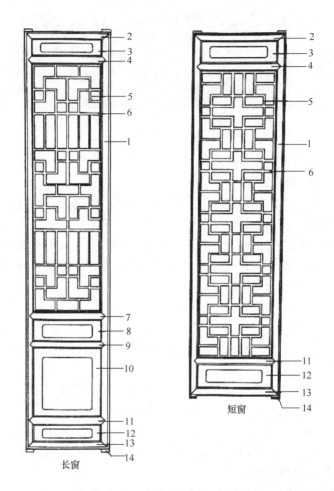

长窗

短窗

图 6-48　窗格构造图（南方）

1—窗梃；2—上横头；3—上夹堂板；4—中横档；5—芯子；

6—收条（边收条）；7—中横档；8—中夹堂板；9—中横档；

10—裙板；11—中横档；12—下夹堂板；13—下横头；

14—回风走头

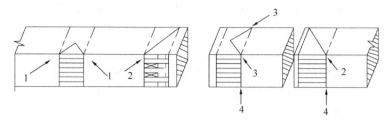

图 6-49　锯角线截肩（南方）

1—锯中至合角；2—锯截大合角；3—锯中至合角横头过隔边；

4—截肩、反面截肩、二面合角锯到隔边，一面合角锯到榫边

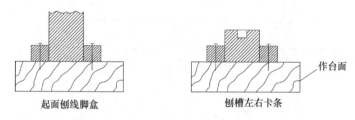

起面刨线脚盒　　　　　　刨槽左右卡条

图 6-50　起线面刨槽（南方）

用线脚刨刨出

窗格上设隔堂板的需要开的槽。一般槽宽 3～4 分，深 4～5 分。

⑤ 锯榫绕尖、出隔清尖、光内面、芯子合拢（图 6-51）

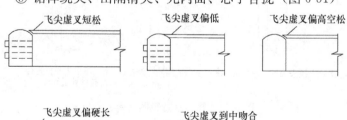

图 6-51　榫与飞尖虚叉（南方）

做有浑面线的飞尖虚叉，需用锯绕出飞尖叉，接着把榫锯出，这时锯好的榫头宽度不可过紧，后用凿子凿去间隔。在窗梃面把合角部分用凿子凿去，留好榏。

光内面及芯子的合拢：把梃框及横头内侧面进行光刨去线。接下来把芯子按样敲合成片。

各种散件和芯子做好后，就可以进行合成。先将一梃安放于底面的垫木上，然后敲入横头和插入芯子片以及隔堂板和裙板，再把另一挺敲上，整个窗格即合为一体。

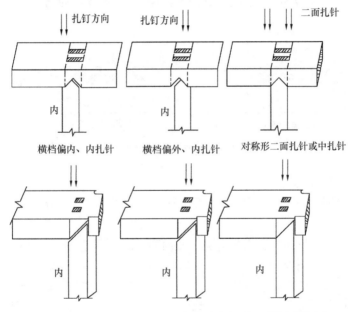

横档偏内、内扎针　横档偏外、内扎针　对称形二面扎针或中扎针

上、下横头偏内、内扎针　上、下横头偏外、外扎针　上、下横头与梃吻合
　　　　　　　　　　　　　　　　　　　　　　　　扎针外进1/3处

图 6-52　扎针示意组图（南方）

⑥ 打窗缝、截准回风头、钉摇梗（图 6-53）

窗与窗之间打碰缝一般都做鸭蛋缝或高低缝。常按要顺手、为右手、为盖缝、为凸缝操作。所谓顺手，一般通常以右手为主，并以内关为主、外关为主来考虑打缝的左右盖缝。

平缝　　　鸭蛋缝　　　高低缝　　　高低缝均大梃

窗间碰缝

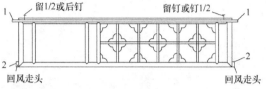

1—上下摇梗端头留后钉或钉入1/2; 2—回风走头留4~5分

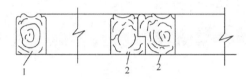

门窗扇碰缝都用大梃式

1—扇边小梃; 2—碰缝处都用大梃

图 6-53　打窗缝、截准回风头、钉摇梗组图（南方）

3. 栏杆、楣子制作

（1）挂落、栏杆的介绍

1）挂落：一种安装在廊桁底部，两柱之间的装饰构件（图 6-54）。

图 6-54　挂落实物图（南方）

2）栏杆：栏杆在外檐装折中是护围与装饰的双重功能，通常安装在上有挂落的地坪上，且与挂落处在同一投影面，但正间与通道不在同一投影面（图6-55）。

图 6-55　木栏杆（南方）

3）美人靠：美人靠亦称作吴王靠、飞来椅等，是一种设置在敞开式建筑之外围半墙之上的装折构件。美人靠的作用是护围，且又有椅子之靠背功能（图6-56）。

图 6-56　美人靠（南方）

（2）挂落、栏杆、吴王靠的制作

1）挂落制作

挂落的部分名称：外框部分盖梃，为挂落上面的一根长梃。左右两边的横头料称挂落脚头。靠柱边的横料称抱柱，并同脚头一样有收头脚。芯子部分：挂落芯子的竖向分格称竖分头，开间横向分格称横分头。

① 外框及芯子的配料、刨料

外框的制作方法基本同前窗，刨出外框和芯子料。配料、上盖梃放长一寸～一寸半作为走头，脚头料可放出五分～六分长度。芯子料一般按挂落的长度乘以档距（常规为 5 步档距），基本长度就够了。

② 划线

做挂落时老匠师一般按自己的设想画一张草图，以线条示意图来辅助划线。划线一般要先出样条，特别是同尺寸数量多的，按开间长度和挂落高度来分等分格。

划榫头线、眼孔线要注意靠准正面（基准面）划好正面后要倒头划反，始终靠准一个面，若为须两面对称的双夹榫也要靠准一面进行划线。

划芯子线，在芯子刨好前就要区别正反面，在正面打出标线记号作为正面记号，若为双面正面的芯子框亦应同样做出记号，认准一面。

③ 打眼、锯合角（图 6-57）

外框盖梃脚头芯子划线结束后，即可先做外框盖梃、脚头和芯子的凿眼，再进行合角的锯斜角线、截反面的肩线（单面者）。合角线一般留线锯，锯深到间隔处，如反面平肩线即锯到榫边不伤榫为宜。

④ 起面打线、锯榫出肩凿隔及合成（图 6-58）

把盖梃与脚头按所要刨的线条进行起面刨线。再把芯子刨出线面，在刨面起线时把木料或和芯子用卡条夹紧以防晃动，手须把平，使刨出来的线面一致。

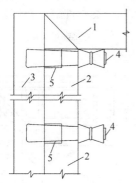

图 6-57 挂落销子
凿眼（南方）

1—盖梃；2—脚头；

3—抱柱；4—销子；

5—脚头反面凿大眼

175

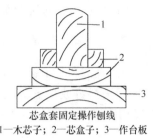
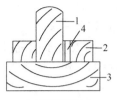

芯盒套固定操作刨线
1—木芯子；2—芯盒子；3—作台板

加楔固定刨线
1—木芯子；2—压条
3—作台板；4—楔

图 6-58　芯子刨线固定法

锯榫及锯浑面割角。把盖梃两头的合角皮锯出。把脚头的割角与双夹榫锯出。把芯子的浑面飞尖虚叉锯出，把榫头锯出。

出隔去肩、脚头出间隔，内杓留线外去一线，中间略带凹。芯子出间隔，二面留半线，中间略带凹。

成框敲合，各榫头倒按。芯子先成片，再与脚头敲合，后敲装入盖梃。

2）木栏杆制作

木栏杆制作流程与挂落基本相似，同时也要注意以下几外框和芯子类构件节点都应做双夹榫联结。

3）吴王靠（美人靠）制作（图 6-59、图 6-60）

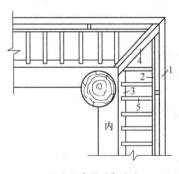
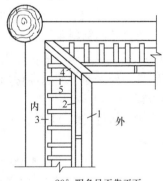

90°阳角吴王靠平面　　　　　　90°阴角吴王靠平面

图 6-59　90°吴王靠俯视图（南方）

1—上盖梃；2—中横档；3—下横档；4—脚头；5—靠条（内竖芯）

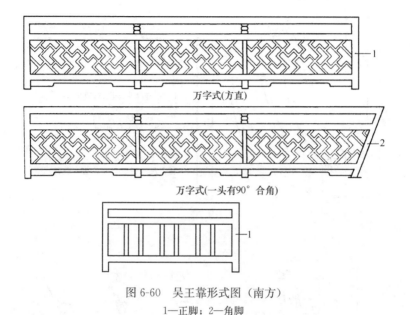

图 6-60　吴王靠形式图（南方）

1—正脚；2—角脚

万字式(方直)

万字式(一头有90°合角)

吴王靠也称鹅颈椅，它的制作在装修工程中也是属于有一定难度的工艺。下文将介绍一些其中的关键和技术要点，及其从出样到实际制作的基本过程。

①　出大样（图 6-61、图 6-62）

将吴王靠的脚头样板和内芯子样放出。

放样做样板，先做出正脚样和转角脚样两块样板。正脚样（直角处）按图设计放样。

②　削盖挺档、脚料与芯子

刨做脚料，先刨正厚度（看面）后按正脚样板或合脚转角样板，分别用小方尺和斜角尺划出，进行二面划线。划好线后分别用绕锯（狭条锯）把弯脚曲线锯出。

③　划线（图 6-63）

a. 吴王靠的脚头划线方法，常以正样过线法和点量法并进。

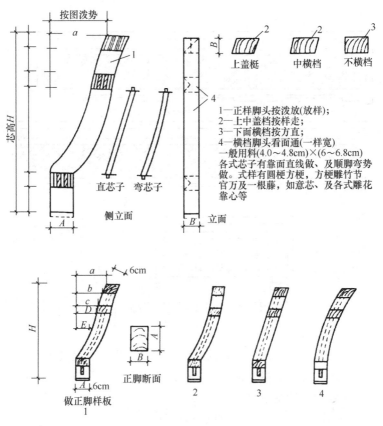

图 6-61　各式直角正脚样（南方）

划吴王靠转角合脚，先按角样板划出内侧一面的上中下各桄档及牙板留榫尺寸。划外侧面的线时要按脚的下端（垂直端的面）面用曲尺 90°划出下档水平线，再据下档水平点把角脚样板靠外侧平内边划出上、中、下的榫及孔眼。

　　b. 盖桄和中、下档的榫肩划线：按水平投影样划出上、中、下横档构件的长度尺寸和角度。

　　c. 竖芯子的划线亦要按做出的样板来进行。竖芯式的芯子间距一般以不大于五寸为好。

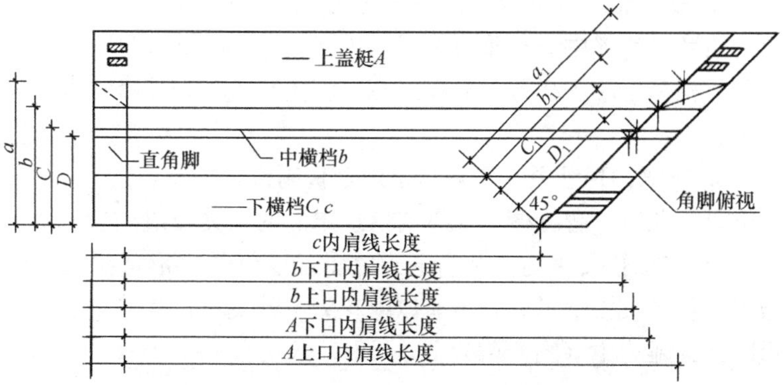

例吴王靠一面直角脚一面90° 合角脚放样俯视图
盖梃横档长度尺寸各梃档把水平

图 6-62 吴王靠放样（南方）

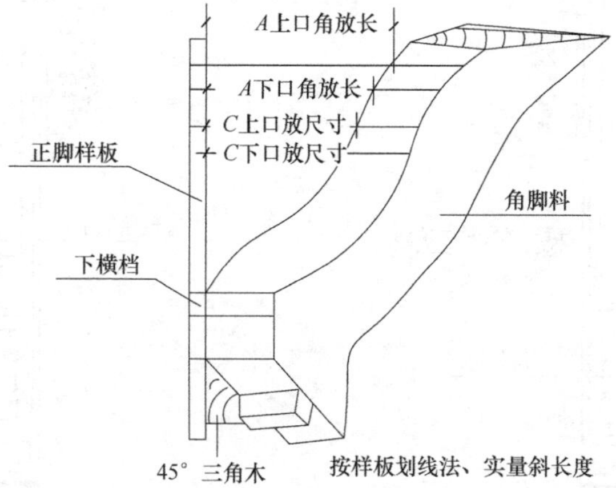

图 6-63 划线法（南方）

另常用直正样板点量划线法（求梃横档长度）及划出角脚立面线，再利用角样板划榫眼。可划出二面上、中、下横档水平榫眼线和净肩线。常规盖梃与脚头，盖梃做眼，脚头做榫。横档均做出榫

d. 按样板划出上槅堂短档。按吴王靠下档分档划出下牙板的长度。

e. 做榫眼起面及敲合：在做合角脚时所凿眼一定要放在相应的角度衬垫夹中进行垂直凿眼。进行吴王靠的拼合时，先把中档与下档和中芯子拼合。后将左右二脚头装入，先装直角脚再装合角脚。

4. 花罩、碧纱橱（飞罩与落地罩）制作

（1）花罩、碧纱橱（飞罩与落地罩）的相关介绍

1）飞罩：飞罩为内装折通道之上的装饰件，形似挂落，但做工用料都较挂落考究，也有以雕花为主的飞罩，其雕刻手法以透雕、圆雕为主（图6-64）。

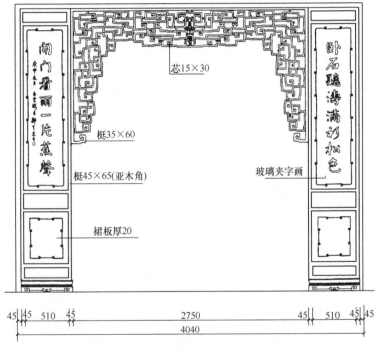

图 6-64　芯子飞罩（南方）

2）落地罩：一种底部搁置于地坪的木制饰物，其中间留有供人进出之门洞，其形式有敲芯子，雕刻二类（图6-65）。

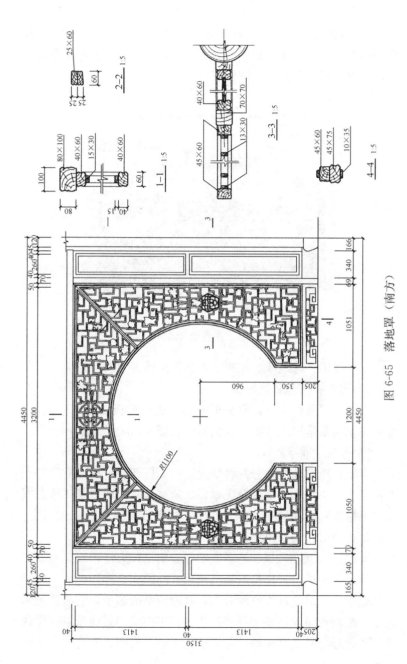

图 6-65 落地罩（南方）

3）博古架：博古架又称多宝格，是一种兼有装修和家具双重功用的室内木装修，花格优美，组合得体，多用于进深方向柱间，用以分隔室内空间（图6-66）。

图6-66　博古架（南方）

（2）飞罩、落地罩、花罩、碧纱橱及博古架的制作

1）飞罩、落地罩的制作

飞罩地罩总的形式：常分框架芯子式与整板雕花式两大类，大型飞罩地罩常以三片组合（图6-67、图6-68）。

① 飞罩、地罩放样

飞罩、地罩放样要分两种情况：一为框架芯子式或框架芯子加嵌结子（小花饰）地罩及飞罩；二为实板雕花地罩及飞罩。框架芯子格式和嵌结地罩出样常在实木板上或三夹板、五夹板上，实板雕花地罩和飞罩出样只需在纸上或透明纸上。

按设计图纸把飞罩、地罩的实样放出足尺大样，方圆地罩和飞罩须分块来拼合，出样只要出垂直开间的1/2样即可。

地罩、飞罩是高级空间装饰，并做留空的芯子，它应该是两面做，两面看面，但在划线和制作过程中亦要同其他窗格一样认真，并做好记号。其中嵌的花结子低于芯子的面，不在一个平面

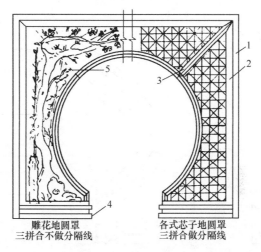

雕花地圆罩
三拼合不做分隔线

各式芯子地圆罩
三拼合做分隔线

图 6-67　圆罩（南方）

1—外框；2—各芯子式地圆罩；3—分隔线；

4—须弥座；5—雕花罩拼合处

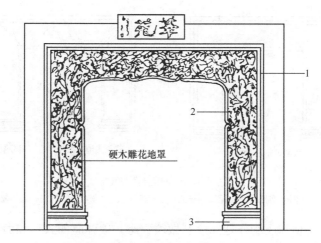

硬木雕花地罩

图 6-68　落地花罩（南方）

1—外边框；2—雕花地罩；3—须弥座

上，并用鸡牙榫与芯子相结合（图6-69、图6-70）。

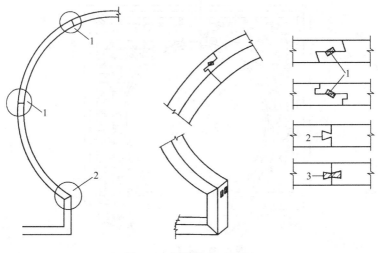

图 6-69　圆框接合（南方）
1—拔紧销；2—扎榫；3—锭榫

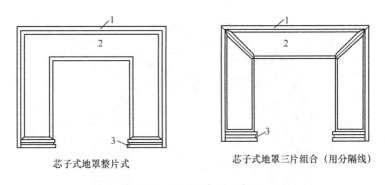

芯子式地罩整片式　　　　　芯子式地罩三片组合（用分隔线）

图 6-70　地罩组合图（南方）
1—外框（抱柱）；2—地罩芯子式；3—须弥座；4—雕花地罩；5—暗榫槽

　　② 须弥座制作地罩应制做须弥座。须弥座的式样和做法有直叠式、敲架式、雕镂空花式，在制作上敲架式较为复杂。直叠式又分"多层叠拼"、"实木制作"、"实木加线条制作"（图6-71）。

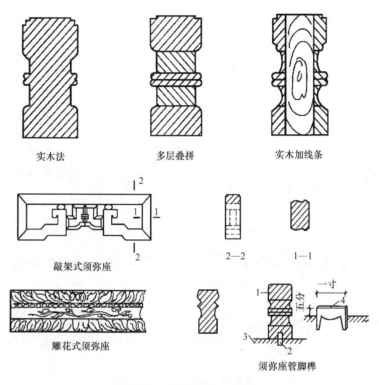

实木法　　　　　　　多层叠拼　　　　　　　实木加线条

敲架式须弥座　　　　　　　2—2　　　　1—1

雕花式须弥座　　　　　　　须弥座管脚榫

图6-71　各种须弥座（南方）

1—须弥座；2—鸡牙榫；3—地坪；4—闲游（铁骑），1寸×2分×1.2寸

5. 天棚、藻井的制作与安装

（1）天棚制作与安装

1）天棚顶种类：古建筑中运用轩顶来做室内装饰能起到美观、整洁、防尘、保湿的作用，起到复合式吊顶的效果；轩顶的做法常见有船篷轩、茶壶档轩、鹤颈轩、菱角轩、棋盘格顶等。以下是几种常见轩类图片（图6-72～图6-76）。

2）棋盘顶制作安装：进行标高弹线，按开间到进深棋盘顶标高处抄平弹出墨线。分划出主次龙骨位置线，按总开间和进深分档对棋盘格的档距分号，划出榫眼实线。安装大愣木、固定吊搭好、再进行小龙骨的安装。棋盘格龙骨安装有两种常见构造形

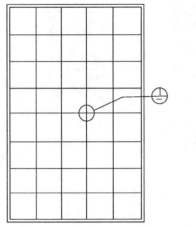
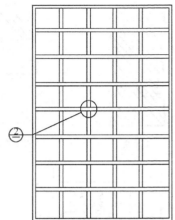

通长龙骨敲交（短底长面）　　　　　短向长龙骨、长向短龙骨（仰视）

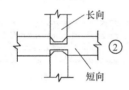

图 6-72　龙骨做法（南方）

图 6-73　茶壶档轩（南方）

图 6-74 船篷轩（南方）

图 6-75 鹤胫轩（南方）

图 6-76 菱角轩（南方）

式：一为有边框式做法；二为长筋短挡做法。边框式做法常见有二法：一是榫卯固定法；二是吊筋固定法（图 6-77）。

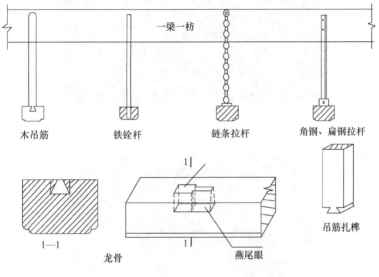

图 6-77　吊筋（南方）

3）各式轩顶制作安装

轩顶、轩椽的放样制作

① 轩顶放样：首先按所定的轩式样进行放样，并放划出足尺大样，上面梁架和左右关联的变化还应出全足尺大样。样板要用一块不易变形的板来做，随后可按样划出所要加工的轩椽。

② 轩桁制作：按开间或进深方向尺寸做成方形圆形或内方外圆桁条。先进行配材断料、并按样制作标准尺寸、进行划线，划出轩桁的榫卯及净长度，再分划出回椽眼线，随后可进行做榫打眼最后制好待安装。轩椽的制作若为拱形轩、菱角轩、鹤颈轩等的，通常需先把所选用的材料按轩椽的宽度做准厚度，然后按轩椽样板来划出。

③ 对锯出的各式轩椽用刨子或凿子修刨正确。

④ 轩顶的安装

轩顶的安装：包括轩梁、轩桁、轩椽和望砖或望砖替代品。随着轩顶构造的不同，其安装顺序有所差异，安装分随大木作同时安装，和大木作安装好后再安装的两类。在轩椽上再安装砖细望砖（刨光望砖）。

（2）藻井制作与安装

1）藻井的介绍

在使用棋盘顶的同时，在建筑中心位置，设置藻井。藻井也称井罩，是在棋盘顶上做一个向上隆起，形式如井状之装饰件。因藻井制作工艺上的不同，大致可分为鸡笼顶及螺丝顶二种。藻井按照形状常分为板式方形、八边形两种。斗拱式藻井作为厅殿中的吊顶，常见有方形井、八边井及方转八边形深井等形式（图6-79）。斗拱在江南地区俗称"牌科"。斗拱藻井的组合部件名称：斗盘枋；座斗；拱；昂；云头；升；垫拱板；牌条。

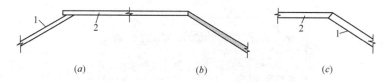

图 6-78　顶板与侧板相接（南方）

（a）侧板做平上盖式；（b）侧板做垂直口；（c）侧板做成直角方口
1—侧板；2—顶板

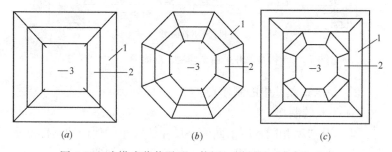

图 6-79　斗拱式藻井平面、仰视、剖面图（南方）（一）

（a）三层方藻井；（b）三层八边形藻井；（c）方转八边形藻井
1—第一层斗拱；2—第二层斗拱；3—第三层深井

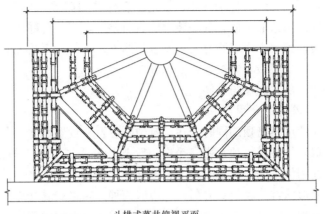

斗栱式藻井仰视平面

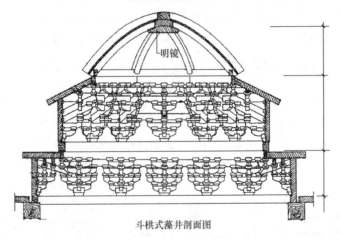

明镜

斗栱式藻井剖面图

图 6-79　斗拱式藻井平面、仰视、剖面图（南方）（二）

2）斗拱式藻井中的制作安装

① 斗升的制作

斗与升造型相同，所不同的是尺寸的大小，他们的制作方法也基本相似。把毛料刨成所需要的规格料，先把四六式斗拱的斗料刨成 5.6 寸宽 4 寸厚，这时木材刨成规格要求方正平直即可。

进行划线，做斗料的长度相同时，可以数只合做。

进行加工制作：进行斗底凿眼，眼孔深为8分～1寸，斗面打槽，铲出拱槽。后进行下升腰亚腰的横纹的锯截，用绕锯（窄锯条锯子）按亚弧线锯出，再把下斗腰的顺纹方向的亚面用亚刨刨出。刨亚面时可先刨成一个斜面再用亚刨刨出。最后把斗逐只锯断，并且把锯下的斗的横纹面用刨子修光即成。

制作升的方法同斗一样，但长短有别，比例缩小，可用长短不等的材料来做。

② 拱的制作

拱料的断面尺寸与升相同，拱料的长度也可数根联起做。

制作划线：刨好所需要的四六式断面尺寸的规格，2.8寸剩2寸即可进行划线。把已经做好拱的样板（拱侧立面样板）分别按斗三升拱、斗六升拱、角拱样板划出拱的长度、亮拱折角线和折三板线。

加工成形：加工短的拱在做折三板和开交合口时可多只联做，做三板时可把一叠拱相并夹在一起，先用粗锯再用刨子刨出三斜板。进行拱的凿眼和凿刨槽，后挖拱端头的"瞎三板"，亮拱还要扦出折角口。

③ 昂的制作（图6-80）

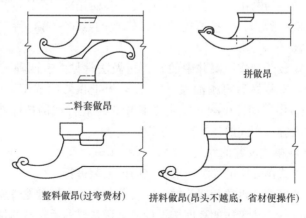

二料套做昂

拼做昂

整料做昂(过弯费材)　　拼料做昂(昂头不越底，省材便操作)

图6-80　昂的制作（南方）

昂头的做法有二：为整块大料做昂，有昂头翅过昂底做和不超过底做；为昂头不过昂底拼接做，其做法易但搭接稍短些，省工省料效果也不差。

④ 云头制作

藻井上的云头一般都每层出跳，层高相同四六式斗拱的云头，规格为2.8寸高，2寸厚。长度按总出跳中心尺寸加8寸～8.8寸。先把云头的规格料刨好，按云头的样板进行划线和反面过线，后可进行锯截绕出云头游肩。前出云头峰头部分用细窄锯锯出。再开出敲交合口和榫头。

⑤ 垫拱板的制作

垫拱板的制作，先按样板进行拼板，再把拼好的板刨准厚度，按样划出实足尺寸线，用锯子锯出实板。垫拱板的拼合可用竹钉和胶水进行拼合，垫拱板一般做镂空花饰或剔地浮雕及阴纹线刻。由雕花工匠用细丝锯拉出或用凿子做浮雕浅刻。

⑥ 牌条、遮轩板与井盖板的制作

牌条的制作，长度按平面图尺寸。其断面尺寸四六式斗拱的牌条为2.8寸高2寸宽。有些牌条在制作时还应按图做去外角或打槽，以便遮轩板的安装，牌条制作好后应四面棱角倒小棱。

遮轩板的制作：一般先刨正厚度，一面光平，两边刨直。板的宽度应一致为好，按所需要的遮轩板的数量做好，待安装时配用。

井盖板的制作：藻井中的井盖板做法常见的有四种。a. 实板拼做，安装好后再刷油漆。b. 井盖板上做彩绘或配以贴金。c. 井盖板中用铜镜相配。d. 井盖板中设雕花件或倒挂饰件。所雕刻的内容按不同的建筑档次来设定。

⑦ 斗拱式藻井的安装

斗拱式藻井中的安装一般在室内以散装进行。

安装底层斗盘枋和架斗拱：安装藻井常应在棋盘龙骨筋木安装好后进行。斗盘枋的高度按设计要求调整好前后左右的位置和高低，用铁检、铁条、木吊筋进行固定吊牢。这时斗盘枋应水平，方井八边形井角度准确。安装座斗依斗底桩头榫与斗盘枋插入固定，之后进行垫拱板、斗三升拱的安装。

每层出挑的安装：斗三升拱和垫拱板安装好后，应把第一出跳的丁字拱或昂安装上去，再将斗六升拱和第二出跳拱昂和牌条或连机按通。检测出跳件的水低和几何尺寸和垂直度后，可在二层出跳件上甩挂拉筋，吊挂拉筋应避开遮轩板的空距。再进行3、4、5层出跳层的安装，安装好每层的排条后亦可把每层的遮轩板随即安装好。

井盖板的安装：如有井套井深井者必须都安装好。之后进行井盖板的合拢安装，井盖板安装到位后进行全面的加固吊紧，最后增设一些检查和铺设管线的简便木道。

按样配制出跳拱昂云头（图 6-81）：按实际需要的尺寸分层考虑所需要放的后尾尺度（隐蔽部分）与用于牵搭和平衡的部分，藻井内正面挑出的拱昂云头尺寸一般是一致的。

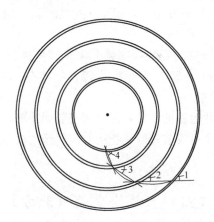

每层不同弧的规尺示意，具体做法按仰俯平
面。出跳昂云可分直线做及跳出端按样做曲

图 6-81　不同弧的规尺具体做法

制作斗、拱、昂云的方法同以上斗拱式藻井相同，配好每层所需的料，按每跳每层不同弧度的昂封拱板锯做。刨出所要的规格料后一层层的按样板划线。

按样配做插昂插云及一些花饰件，可按每层不同的弧度样板来制作。

按每层、每跳不同的弧度配制封拱板，长度可按平面图来配做，并与拱昂相交榫卯和槽扣榫。板宽度按剖面图垂直放置来配制，有的封拱板上设有雕花，则按不同要求来加工和雕刻。

按样板拼做藻井圆底架斗盘枋：藻井中的斗盘枋常见有 3 种形式。一为按线脚两面兜通托浑盘式。二为用回纹线脚或浮雕吉祥花草形。三为立面雕塑形。

⑧ 鸡笼顶藻井的安装

安装藻井底架斗盘枋：在已吊好龙骨的棋盘顶天方框中，按进深和开间方向划出十字中心线，按底架不同的构造在已经搭好的满觉红脚手架上进行先后拼装：吊挂斗盘枋底架的方法同斗拱式藻井，用铁件或木吊筋进行吊拉牢固，底架在吊拉过程中进行高低水平方位的校正，再次加固、吊搭好所有的固定件。

拱昂云头饰件的安装：安装下座斗和垫拱板，按已经分定的斗座中心或斗底装上斗底桩头榫，把斗分别对正榫眼安装入座。

遮轩板和井盖板的安装：藻井随安装到顶部，以随螺旋曲线至顶部，此时也可安装遮轩板把所有该封满的板全封满好，形似半球形壳罩。

（五）木装修安装（北方）

1. 门类安装

（1）实榻门门扇

安装顺序：

连槛、门枕安装五金件→门扇"样活（满外尺寸的二次加工）"、成形→门扇安装到位→门扇五金件安装（图 6-82～图 6-85）。

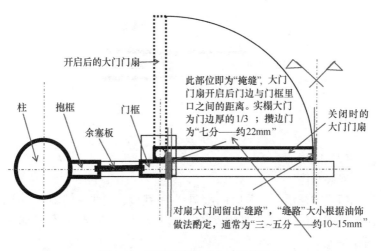

开启后的大门门扇

柱　抱框　门框

余塞板

此部位即为"掩缝"，大门门扇开启后边与门框里口之间的距离。实榻大门为门边厚的1/3；攒边门为"七分——约22mm"

关闭时的大门门扇

对扇大门间留出"缝路"，"缝路"大小根据油饰做法酌定，通常为"三～五分——约10~15mm"

图 6-82　门扇定尺 1 "大门平剖面"

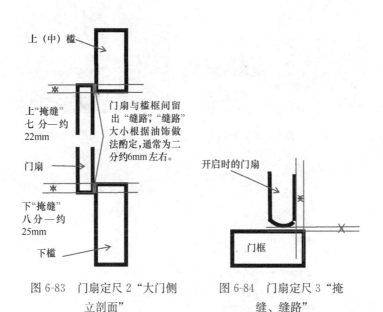

上（中）槛

上"掩缝"
七 分—约
22mm

门扇

下"掩缝"
八 分—约
25mm

下槛

门扇与槛框间留出"缝路"，"缝路"大小根据油饰做法酌定，通常为二分约6mm左右。

开启时的门扇

门框

图 6-83　门扇定尺 2 "大门侧
立剖面"

图 6-84　门扇定尺 3 "掩
缝、缝路"

图 6-85　门扇定尺 4 "缝路"

（2）隔扇

安装顺序：

门扇"样活（安装时的微调）"→裁口、起线→门轴、鹅项、碰铁等安装→单、双楹安装→隔扇入位安装（图 6-86～图 6-88）。

图 6-86　（组图）隔扇开启方式

图 6-87　（组图）碧纱橱、风门开启方式

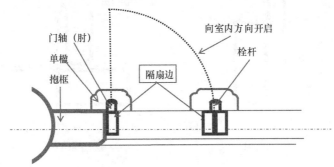

图 6-88　隔扇开启方式示意

2. 窗类安装（槛窗、支摘窗）

同隔扇安装。

3. 栏杆、楣子类安装

（1）栏杆

安装顺序：

地栿、望柱安装→栏杆心框（屉）"样活（安装时的微调）"→榫槽加工、栽销→安装。

（2）楣子

1）倒挂楣子安装顺序：

心框（屉）"样活（安装时的微调）"→榫槽加工、栽销→安装。

2）坐凳楣子安装顺序：

心框（屉）"样活（满外尺寸的二次加工）"→榫槽加工、栽销→心框（屉）安装→坐凳面安装。

（六）木装修安装（南方）

1. 门类安装

（1）长窗下槛均应该做成脱卸式，常用的为金刚腿法。一般性建筑的下槛常用空拼，以减少木材用量，大殿类建筑应用实槛，以增长槛的使用寿命并提高耐麻性。用于外装修的下槛不做铲口，但要做回锋，内装修下槛做铲口，不开回锋。

（2）门、窗用抱柱厚度应大于门、窗构件，小于槛类构件。同宕门、窗、抱柱的宽度相同。

（3）用于二层以上（含二层）外立面窗，安装时要采取措施，加设安全联结件，以保障在窗扇脱离槛子时仍能不坠落。

（4）二层以上护围栏杆的脱卸构件要专门设置，只有在专业人员、专门工具俱全的条件下方能脱卸，以预防无关人员脱卸护围护杆。

（5）墙门、将军门等防务性门的安装及安装后的脱卸须具有方向性，当大门开启后且垂直于门洞时，门扇方能脱卸，不应在关闭后脱卸。

（6）门、窗都以其中心作为确定安装位置的依据。在整岩的门、窗安装中，不应装成"冲心门"或"冲心窗"。

（7）在进行规格大的门、窗安装时，除了用铁钉联结柱梗外，尚需设置专用铁件加固门窗及联结构件。

2. 窗类安装

（1）窗扇梃与横头构件的联结

窗扇梃、横头的看面小于厚度尺寸，两构件做双夹榫联结，榫厚为料厚的五分之一到六分之一。在窗扇上下两端头，梃与横头C形相交应做全角，在夹岩位置，梃与横头T形相交，可根据构件起面形式而定，用直差、虚叉等形式交接。

（2）夹宕板、裙板与框的联结

夹宕板以四周落槽的方式与窗框联结，槽深一般不小于10mm，槽府与夹岩板边缘相距2mm左右，裙板以板头榫方式与横头联结，裙板的两侧以竹梢与梃相连。

（3）窗扇之间的缝道

窗扇之间的碰缝视窗梃宽度（进深尺寸）而定，通常在5mm以上，10mm以内。碰缝的做法常为高低缝和鸭蛋缝两种。做缝的构件损耗应在下料时事前增放。

（4）和合窗

和合窗之间的缝道做高低缝，上一扇窗盖下一扇窗。窗扇两侧铲口深度不小于12mm。

（5）窗芯边条

窗芯外围应做边条，边条的看面与窗芯看面一致。有条件的窗芯要设置收条，收条的间距在1m以内。

（6）夹芯

夹芯之两芯图案应重合，正面芯的榫卯与框联结，反面芯以木梢方式与框联结。两芯之间相距尺寸应能满足安装分隔材料

（玻璃）的厚度要求。

3. 栏杆、挂落安装

在通常情况下是将栏杆、挂落做好以后进行整体安装，安装所有栏杆、挂落都必须拉通线，按线安装，使各间栏杆（或挂落）的高低出进都要跟线，不允许高低不平、进出不齐的现象出现。

4. 花罩、碧纱橱（飞罩、落地罩）安装

室内飞罩、落地罩属于可以任意拆安移动构件，因此，它的构造、做法须符合这种构造要求。

飞罩、落地罩的边框榫卯做法略同外檐的隔扇槛框，横槛与柱子之间用倒退榫或溜销榫，抱框与柱间用挂销或溜销安装，以便于拆安移动。花罩本身是由大边和花罩心两部分组成的，花罩心由 1.5～2 寸厚的优质木板雕刻而成。周围留出仔边，仔边上做头缝榫或栽销与边框结合在一起。包括边框在内的整扇花罩，安装于槛框内时也凭销子榫结合。通常做法是在横边上栽销，在挂空槛对应位置凿做销子眼，立边下端，安装带装饰的木销，穿透立边，将花罩销在槛框上。

（七）木装修修缮（北方）

1. 常见木装修损坏情况

（1）门窗边抹榫卯松动开散；

（2）门心板（裙板）开裂、缺失；

（3）棂条折断缺失；

（4）卡、团花缺失；

（5）五金件缺失。

2. 修缮方法

（1）门窗边抹榫卯松动开散

门窗边抹的榫卯极易松散，这和使用的频繁度、木材的干缩度和加工质量有直接关系，榫卯的松散会造成门窗扇三种不同的坏损方式，其修缮方法如下：

1) 边、抹、仔边缺失

采用同材种的风干木料按原尺寸、原做法补配。

2) 变形（俗称：坠角）

门窗扇摘下，打散边抹，将榫卯部位的积土异物清理干净后抹胶加楔组装，整治坠角变形；对于榫头坏损又需要保留不能更换的边抹，可将榫头局部更换加固后继续使用。

3) 翘曲（俗称：皮楞）

门窗扇摘下，将榫卯部位的积土异物清理干净后抹胶加楔，在加楔和整治完工后通过施压重物等手段适当矫正，留出反弹的余量；如边抹变形严重，静置时可以在门窗扇压重物或矫正前适当润湿边抹以促进其复原。

（2）门心板（裙板）开裂

门心板（裙板）开裂的原因与木材的干缩抽涨、心板拼接质量和边抹榫槽留置的松紧度均有关系。修缮方法：用同材质的木料楦缝补严。

（3）棂条折断缺失

采用同材种的风干木料按原尺寸、原做法补配。

（4）卡、团花、销子缺失

采用同材种的风干木料按原尺寸、原纹饰、原做法补配。

（5）五金件缺失

按材质、原尺寸、原纹饰、原做法补配。

（八）木装修修缮（南方）

装修件是易损部位。装修件损坏的情况主要有：大门门板散落，攒边门外框松散，隔扇边抹榫卯松动、开散、断榫，风门、槛窗边框松动、裙板开裂缺损，装修仔屉、边抹、棂条残破缺损等。

针对不同的损坏情况，装修修缮可采取剔补、添配门板、换隔扇边抹、重新组装边框裙板或门心板嵌缝、裙板、绦环板配换、仔屉添配棂条、仔屉隔心配换、添配槛子、转轴、栓杆、添配面叶、大门包叶及其他铜铁饰件、添配门钉、花罩雕饰修补等做法。

装修修配时应与原有构件、花纹、断面尺寸一致，保持原有风格。所用木材也应尽量与原有木材一致。特别是内檐装修的修配，要求更加严格，不能敷衍马虎。

（九）质量通病及防治（北方）

1. 制式不符合要求
如各种棂心图案的比例，大小不一致。

防治：仔细审图，详细了解设计图纸及原做法，有问题与设计人员及时沟通。根据设计图纸进行实放大样，确认比例关系和规矩后再进行制作。

2. 同幢号木装修风格不一致
防治：开工前，就此问题在图纸会审时与设计详细沟通，确定统一的装修风格。

3. 特殊装修棂条分散排列不合理
如冰裂纹分散不合理。

防治：如下图所示，通常以五方图形居中（标号①位置），向外延伸做空当面积相近的各种图形；标号②所在位置的图形应尽量随意，接近自然，避免出现呆板的正角度形状（图6-89）。

4. 制作肩角不严不实，不平整不方正
防治：加工前严格执行技术交底制度，批量制作前应先做出样板并经核验后再进行批量制作。

5. 安装不平直跟线、缝路不均匀
防治：应在安装前先进行定位，切勿盲目操作。

图 6-89　（组图）冰裂纹正确布局图

（十）质量通病及防治（南方）

1. 防潮、防腐

（1）木材自身防腐，在选用大木构架用材时，根据建筑所在地的空气、湿度、降雨量等自然状况，选择能适应当地气候，具有一定抗腐能力的材料，特别是对柱类构件尤为重要。

（2）含水率控制防腐，制作木构件的木材达到规定的含水率方可加工实施，当木构件成品达到当地平衡含水率，或在干燥季节，木构件的含水率达到当地平衡含水率以下，则可对木构件进行草漆封闭，以保障构件内部处于干燥状态。对采用人工干燥法的木构件应在制成成品后即行草漆封闭。

（3）构造性及结构性防腐，对位于墙体部位的木构件，在砌筑墙体时应考虑木构件的通气性，预防墙体内的木构件长期处于潮湿状态而腐烂；对建造在山区或潮湿地带的古建筑木构架可采用传统的高脚鼓磴，以提高柱头与潮湿地面的距离，增强木构架的自身抗腐功能。

2. 防火设计

（1）规划性防火，继承传统古建筑的规划理念，对大型古建筑仿古建筑总体规划进行设计时以风火墙，五峰山墙等多种防火性墙分隔建筑群，以防止出现一处起火影响一片的情况；有针对性的在建筑群中设计水池，以起到一箭双雕的效果，既增加了建筑群的景观效果，又为消防提供了水源保障。

（2）电器防火

电器线路由户内配电箱引出线路，可采用铜质带阻燃型电缆，明敷方式。线路的走向可在桁条背面、柱靠墙一侧等部位或在抱柱与柱的联结部位。事前应对电器用量计算后采用合理的电缆截面，并应经通电实验、工程竣工后检验合格后方可使用。

3. 防虫

（1）木构架防虫

木结构以白蚁防治为主，由专业白蚁防治部门进行白蚁防治处理；新建木结构工程可在施工前，对所有木材进行喷洒处理；老木建筑可在结构底部进行药水处理。

（2）重点文物古建筑木构架的防火工作，应对所有构件，全面喷洒，对其节点、横层等重点设防部位的防虫方法如上。

清："大门"构件权衡尺寸　　　　　　　　　附表 1

D＝檐柱径

槛框	宽	厚（径）	长	备注
下 槛	0.8D	0.3D	面宽减柱径 D 另加 0.25D 入榫长	
上槛（替桩）	0.5D	0.3D	同上	同上
中槛（中枋、挂空槛）	0.64D	0.3D	同上	
抱框	0.64D	0.3D	下槛至上（中）槛净距＋框线宽	

槛框	宽	厚（径）	长	备注
门框	0.64～0.8D	0.3D	同上	
间框	0.64D	0.3D	中槛至上槛净距＋框线宽	
腰枋	0.64D	0.3D		
转轴	0.3D	0.3D	门枕海窝至连槛净高＋连槛厚	
连槛	0.45D	0.2D	净面宽＋0.9D	根据造型定宽
门簪	4/5中槛高	出头长1/7门口宽	出头长＋中槛厚＋连槛宽＋出榫长	（出头长或为1/10门口高）
门枕	0.8D	0.5D	1.9D	
横栓（闩）		0.6D	门口径＋"掩缝"＋1.2D（参考栓（闩）眼石尺寸定）	根据长度酌定径尺
余塞、绦环板	同上	0.1D	含裁口的净尺寸	
走马板		0.1D		

清："大门"构件权衡尺寸　　　　　　附表2

D＝檐柱径

门扇	宽	厚（径）	长	备注
门边	0.32～0.4D	0.22～0.28D	外：门扇高＋上下碰头；内：门枕上皮至连槛上皮	长度含门轴全尺寸
抹头	0.32～0.4D	同上	门扇全长加适当余量	
门心板	净空尺寸＋入槽榫尺寸	门边厚1/3		棋盘（攒边）门、撒带门

门扇	宽	厚（径）	长	备注
门心板		0.22～0.28D		实榻大门
穿带	0.22～0.28D	0.13～0.16D	同上	
插关梁	同上	0.22～0.28D	穿带空当＋2倍穿带宽	
插关	同上	同上		
栓杆		同上		

<h3 style="text-align:center">清：隔扇、风门构件权衡尺寸　　　　　附表3</h3>

D＝檐柱径

隔扇、风门	宽	厚(深)	长	备注
边梃、抹头	1/10隔扇宽或1/5柱径（0.5抱框宽）	1.5/10或3/10柱径（1.2倍看面宽）		
仔边	2/3边梃宽（或0.5边梃宽）	2/3边梃厚（0.7边梃厚）		
棂条	外檐：4/5仔边宽(六分或0.7仔边宽)内檐：四～五分（12～15mm）	9/10仔边厚（八分或0.7仔边厚）内檐：详图		清：一分＝32mm
裙板、绦环板		1/3边梃厚（根据单双面做法适当作调整）		
门轴(肘)	0.5～0.8边梃宽	1～1.1本身宽		
单楹	高7/10下槛高	1/2本身长	4～5倍门轴(肘)宽	
双楹(连二楹)	同单楹	同单楹	5～6倍门轴(肘)宽	
栓斗	高同单楹	1.5～2倍边梃厚	4～5倍边梃宽	
荷叶墩	同上	同上	同上	
栓杆	同边梃	同或1.1倍边梃		

<h2 style="text-align:center">清："槛窗、支摘窗"分件权衡尺寸</h2>

附表 4
D＝檐柱径

槛框	宽	厚（径）	长	备注
风槛	0.5～0.64D	0.3D	面宽减柱径另加 0.25D 入榫长	
榻板	1.5D（或槛墙厚加 2 倍金边）	3/8D	方法1：按柱门尺寸在榻板边缘定点，外返 120°至柱外皮实际尺寸；方法2：柱门尺寸加 1/4 柱径在柱外皮定点，回返 60°至榻板边缘	同上

注：其他分件尺寸同隔扇分件

<h2 style="text-align:center">清：楣子类分件权衡尺寸</h2>

附表 5
D＝檐柱径

名称	宽	厚	长	备注
坐凳面	1～1.2 柱径	45～70mm		通常距地面高 500mm 左右
边、抹	45～55mm	55～65mm	按开间净尺寸	边（腿）高详图
棂条	18～20mm	25～30mm		
雀替	（高）同额枋宽	1/4～3/10 柱径	开间净宽 1/4	宽（高）不含云墩、栱头
花牙子	120～200mm	20～30mm	350～600mm	
挂檐板	350～500mm	40～60mm	按实际尺寸定	

<h2 style="text-align:center">清：栏杆分件权衡尺寸</h2>

附表 6

名称	宽	厚	长	备注
望柱	3/10 柱径	1～1.2 倍本身宽		
地栿	1.2 倍望柱径	1/2～2/3 望柱径		
牙子板	2 倍中、下枋宽	六分（约 20mm）		

名称	宽	厚	长	备注
中、下枋	1/2 望柱径	1.2～1.4 倍宽		
绦环板	3 倍左右中、下枋宽	1 寸（约 30mm）		
折柱	同中、下枋	同中、下枋		与净瓶连做
净瓶	1.4～1.5 倍折柱宽	同折柱通榫厚		
荷叶	5～6 倍枋宽	7/10 中、下枋厚		
扶手	同中、下枋	同中、下枋		
棂条	1～1.2 寸	1.2～1.5 寸		花栏杆

清：花罩类分件权衡尺寸

附表 7

名称	尺寸规格	备注
槛框	尺寸通常小于外檐槛框，可根据整樘宽度做适当调整	断面改起凹角线
边、抹	边、抹宽度小于外檐隔扇，通常 40～60mm，厚度根据做法确定	—
仔边	1/2 边抹宽；厚度根据做法确定	—
碧纱橱棂条	宽度四～五分（12～15mm）；厚度≥本身宽，参考做法定	棂条断面多为凹面
花罩棂条	宽度六分～一寸（18～32mm）	参考棂心图案、材质、单双面做法确定
花板	根据长宽比例、图案及使用要求定；厚度根据雕刻做法确定	浮、透、单、双面及穿枝过梗雕法不同，其厚度要求不同
壁板	长宽为实际尺寸；厚度 40～60mm，可根据安装部位的实际情况做调整	—
板壁边龙骨	宽 100～150mm；厚度 80～100mm	—
板壁龙骨	宽 100～150mm；厚度 40～60mm	—
侧帮、搁板	长宽为实际尺寸；10～30mm，根据做法及用途做调整	

名称	宽	厚（高）	长	备注
帽儿梁	4 斗口	4～4.5（连做）		面宽方向每两井一根布置
贴梁	1.5 斗口	2 斗口		沿梁、枋布置
支条	1.5 斗口	1.5 斗口		裁口、起"七分线"
天花板		1 寸（32mm）		井口净尺寸加裁口尺寸；每井穿带二道
木顶格贴梁	0.25 柱径	0.25 柱径		
木顶格边框	0.2 柱径	0.16 柱径		
木顶格棂条	0.1 柱径	0.16 柱径		

七、木作技术管理知识（通用）

（一）施工方案知识

在实际施工过程中，木工工程达到一定范围，必须编制必要的专项施工方案：模版专项施工方案；大木结构专项施工方案；油漆专项施工方案等。

1. 专项方案是以施工组织总设计为基础，以施工部署为指导，国家规范和行业标准为技术指导，进行施工顺序的安排，人力资源、材料供应、机械的配置，保证施工项目按进度计划保质保量完成的指导方案。

2. 专项方案一般是项目技术人员编制，公司技术部门审核，公司技术负责人审批，然后报总监理工程师审核后实施。超过一定规模且危险性较大的分部分项工程还需在公司审核后组织专家论证，按专家论证意见修改后报总监理工程师审核后实施。

专项方案主要应包括以下内容。

（1）工程概况：危险性较大的分部分项工程概况、施工平面布置、施工要求和技术保证条件。

（2）编制依据：所依据的法律、法规、规范性文件、标准、规范的目录或条文，以及施工组织（总）设计、勘察设计、图纸等技术文件名称。

（3）施工计划：包括施工进度计划、材料与设备计划。

（4）施工工艺：技术参数、工艺流程、施工方法、检查验收等。

（5）施工安全保证措施：组织保障、技术措施、应急预案、监测监控等。

（6）劳动力组织：专职安全生产管理人员、特种作业人员等。

（7）计算书及相关图纸、图示。

《建筑施工安全检查标准》规定对专业性较强的项目必须单独编制专项安全施工组织设计方案。

（二）修缮方案知识

1. 古建筑文物保护修缮的意义

我国是世界四大文明古国之一，历史遗留下来的文物极多，古建筑是我国古代物质文化遗存中极其重要的部分，保护古建筑文物有十分重要的意义。

（1）古建筑是对广大人民进行爱国主义教育的重要实物

我国现存的许多工程宏大、艺术精湛、技术复杂的古建筑，都是历代劳动人民血汗和智慧的结晶，它反映出前人卓越的创造才能、高超的艺术和技术成就。可以大大地激发人们的民族自信心和自豪感，激发人们的爱国热情。

（2）古建筑作为我国历史上各个不同发展阶段遗留下来的实物，反映着各个时期政治、经济、文化、艺术发展的特点；古建筑本身就是一部活的实物建筑史。

2. 古建筑文物保护修缮应遵循的原则

保护和维修古建筑应当遵循的一条最重要的原则就是，通过保护和维修，保持古建筑原有的历史价值和文物价值，而不是削弱和破坏这种价值。根据这个原则，我国规定了对古建筑、古文物的修缮，"必须严格遵守恢复原状和保存现状的原则"。

古建筑修缮前的准备工作，主要有勘查（普查）、定案、设计、估算、报批等内容。

（1）勘查（普查）、定案、设计

勘查工作要准备必要的资料和工具，有关建筑物的历史资料、历次修缮情况的记载等有关资料由文物部门负责提供，作为勘查中的重要参考文件，以便对建筑物的情况进行分析。

在经过详细勘查掌握了建筑物的全部损毁情况之后，就要进行修缮定案工作，定案工作通常由具备古建文物修缮设计资质的设计单位提出，报文物主管部门审批。

（2）编制预算

修缮定案及设计工作做完以后，要根据设计图纸和修缮做法说明书，设计工程量，做出工程预算。工程预算分为概算和预算两种，概算较为粗略，所提工程费用仅作为研究、控制经费的指标，它属于初步设计工作内容之一。预算则是工、料及其他费用细则，作为施工控制指标。预算做出后要报主管部门审查批准。

（3）审批

依各地文物部门规定执行。

（4）古建筑修缮

古建筑修缮时会遇到各种复杂情况，应在熟悉构造和修缮技术的基础上因地、因事制宜，灵活掌握。要在严格遵循国家制定的古建筑文物保护原则的基础上，发挥工程技术人员的聪明才智，以较小的投资和代价维修好古建筑文物。

（三）工程预算知识

根据清单计价规范、各地方预算定额标准编制施工预算。

1. 古建木工工程量计算相关规则

（1）古建木作计算说明

1）定额中的木构件规格，除注明者外，均以刨光为准，刨光损耗已包括在定额内。定额中木材数量均为毛料。

2）本章木材均以一、二类木种为准，如采用三、四类木种，分别乘以下列系数：木门、窗制作人工和机械费乘系数 1.3，木门、窗安装人工乘系数 1.15，其他项目的人工和机械费乘系数 1.35。

3）定额中木材以自然干燥为准，如需烘干时，其费用另行计算。

4）古式木门窗定额中的"小五金费"，按本定额附表的小五金用量计算，如设计用的小五金品种、数量不同时，品种数量和单价均可调整，其他不变。

5）古式木门定额均未包括装锁，如装执手锁和弹簧锁每 10 把锁增加木工 2 工日，装弹子锁每 10 把锁增加木工 1 工日，锁的价格另计。

6）玻璃厚度不同时，可按设计规定换算。

（2）古建木作工程量计算规则

1）立帖式屋架、柱、梁、枋子、斗盘（坐斗枋）桁条连机、椽子搁栅、关刀里口木、凌角木、枕头木、柱头坐斗、戗角等均按设计几何尺寸，以立方米计算。

2）摔网板、卷戗板、鳖角壳板、垫拱板、望板、裙板、雨达板、框槛、古式栏杆，均按设计几何尺寸，以平方米计算。

3）吴王靠、挂落、夹堂板、里口木、封檐板、瓦口板、勒望、椽碗板、安椽头均按长度方向延长长度计算。

4）斗拱、须弥座以座计算，梁垫、山雾云、棹木、水浪机、蒲鞋头、抱梁云、硬木销以块（只）计算。

5）飞罩、落地园罩、方罩按外侧展开长度计算。

6）古式木门窗，按门窗扇面积以平方米计算，抱柱、上下槛按延长米计算。

2. 古建工程的造价计算程序

定额计价规则以当地省（市）级以上主管单位发布的指导文件为准。

比如（南方新点版）（表 7-1）：

仿古建筑工程造价计算程序（包工包料）　　　表 7-1

序号	费用名称		计算公式	备注
一	分部分项工程量清单费用		综合单价×工程量	按《计价表》
	其中	1. 人工费	计价表人工消耗量×人工单价	
		2. 材料费	计价表材料消耗量×材料单价	
		3. 机械费	计价表机械消耗量×机械单价	
		4. 管理费	(1+3)×费率	
		5. 利润	(1+3)×费率	

序号	费用名称		计算公式	备注
二	措施费项目清单费用		分部分项工程费×费率 或综合单价×工程量	按《计价表》或费 用计算规则
三	其他项目费用			根据规定和工程 具体情况计取
四	规费			
	其中	1. 工程定额测定费	（一＋二＋三）×费率	按规定计取
		2. 安全生产监督费		按规定计取
		3. 劳动保险费		按各市规定计取
五	税金		（一＋二＋三＋四）×费率	按各市规定计取
六	工程造价		一＋二＋三＋四＋五	

（四）工程资料知识

1. 施工技术交底

施工技术交底是指在某一单位工程开工前，或一个分项工程施工前，由相关专业技术人员向参与施工的人员进行的技术性交代，其目的是使施工人员对工程特点、技术质量要求、施工方法与措施和安全等方面有较详细的了解和较一致的施工方向，以便于科学地组织施工，避免出现技术质量等事故的发生。

2. 施工技术交底程序

（1）开会：把相关小组召集到一起，召开专项交底会议，准备齐备完整的会议资料。

（2）交底：将梳理好的交底内容向参会人员宣贯，并讲解所涉及的重难点及过程中的注意事项，确保管理及操作人员没有疑问，必要时对重点节点和要求复印分发，保证后期施工的准确。

（3）签字：交底完成所有到场的人员均需签字备忘，必要时可留置影像资料。

（4）存档：将全体参会人员签字的交底文件分类保存归档，方便后期管理及责任跟踪。

3. 施工技术交底要点

（1）交底文件的编写应在施工组织设计或施工方案编制完成并通过评审后进行，施工组织设计或施工方案中的有关内容应纳入施工技术交底文件中。

（2）施工技术交底是针对现场操作人员进行的，所以交底必须简洁易懂，具有结合现场实际的可操作性。

（3）言辞要简练、准确，不能有误，字迹要清晰、交接手续要健全。

（4）交底需要补充或变更时应编写补充或变更交底。

（5）叙述内容应尽可能使用肯定语以便检查与实施。

4. 施工技术交底的方式

（1）书面技术交底；（2）会议交底；（3）挂牌交底；（4）口头交底；（5）样板交底。

（五）"四新"技术应用

"四新"技术主要是指在行业内采用新技术、新工艺、新材料、新设备的技术。"四新"技术最早是在建设部重点推广新技术的文件里提到的，后来被推广到其他行业，成为新的行业发展的方向和标杆。

1. 新技术

指古建筑亭、台、楼、阁的建筑及装修制作安装工艺与传统建筑材料改革创新研发。通过创新研发把传统手工操作转化为智能化操作如：刨料、起线、断料、开榫、打眼、雕刻、组装、集成包装。油漆工厂化作业。

根据设计图纸古建筑外观与构件的标准化，进行拆件归类。拆件分类：大木构件：分圆木构件标准化、方木构件标准化；小木构件：分外框构件标准化、内芯构件标准化。屋面材料分块组件：分屋面瓦件与戗脊装设件。装饰件：墙体与地坪分块组件。

2. 新工艺

（1）新工艺研发方向

首先解决古建筑制作安装的工艺，标准化、工厂化、智能化，解放劳动力，解决企业用工难的问题，减少现场制作安装工期时间、提高工效、降低人工工资成本。走企业可持久发展路线，提高市场竞争力。

（2）传统材料制作安装的工艺步骤

设计图纸——分块集成——流水作业——仓储——发货——物流——安装——验收移交

（3）标准化

首先解决古建筑外观与构件尺寸的标准化问题。

1）小木装修开眼可通过智能数控开眼机来完成一系列生产功能。

2）大木构件开眼可通过车木机械加横铣床来完成一系列生产功能。

3）拷交隼可通过智能数控立轴多头刀铣床，完成一系列生产功能。

4）割角隼可通过智能数控 45°多片锯床，完成一系列生产功能。

3. 新材料

通过材料研发合成工艺，研发出的新材料，测试其新材料的实用性、安全性等材料性能；具有防水和结构要求的材料，必须满足其相关可靠性后方可投入使用。

目前相关新材料的研发构件表如下（表 7-2）：

研发构件表　　　　　　　　　　　　　　　表 7-2

部位	传统建筑材料名称	新型建筑材料名称
承重构件	木结构材质、砖结构材质、石结构材质	钢结构材质、混凝土结构材质、铝合金、不锈钢结构材质、砩酞、塑木、铝木结构材质、GRC、FC、PU 等

部位	传统建筑材料名称	新型建筑材料名称
墙体	粘土砖	混凝土砖、粉煤灰、砂加气
屋面	粘土瓦、琉璃瓦	GRC 瓦、FC 瓦、铜质瓦、玻璃钢瓦、陶土瓦

4. 新设备

为了满足现在生产需求的集成化，规模化，高精度化，大型木工车间投入大量新型木工数控加工设备，大大提高生产效率，降低人工消耗。高精度木工机械加工木材，可以节约大量木材的损耗；新型数控机械，也促进了新工艺、新设计、创新型结构的快速生产试验和投入使用。木屑，木灰的集成化处理，也满足了生产的环保要求。

以下介绍一些新的木工机械设备（图 7-1～图 7-9）：

（1）推台锯

图 7-1 推台锯

（2）十字形自动敲交机

图 7-2　十字形自动敲交机

（3）半自动梳齿榫开榫机

图 7-3　半自动梳齿榫开榫机

（4）大型方孔机

图 7-4　大型方孔机

（5）木工镂铣机

图 7-5　木工镂铣机

（6）砖雕雕刻机；木雕雕刻机

图 7-6　雕刻机

（7）四面刨

图 7-7　四面刨

（8）小型方孔机

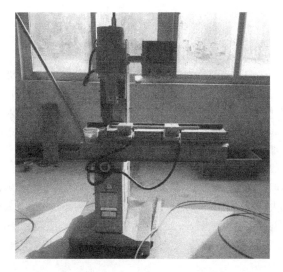

图 7-8　小型方孔机

（9）风尘吸收系统

图 7-9　风尘吸收系统

参 考 文 献

［1］ 马炳坚．中国古建筑木作营造技术［M］．北京：中国建筑工业出版
社，2003.

［2］ 汤崇平．中国传统建筑木作知识入门［M］．北京：化学工业出版
社，2016.

［3］ 清工部．工程做法［M］．北京：清工部颁布，1734.

［4］ 梁思成．清式营造则例［M］．北京：中国营造学社，1934.

［5］ 朱手明，李明，李阳．木工［M］．北京：中国建筑工业出版社，2015.

［6］ 中华人民共和国住房和城乡建设部．JGJ 159—2008，古建筑修建工程
施工与质量验收规范［S］．北京：中国建筑工业出版社，2013.

［7］ 过汉泉，江南古建筑木工工艺［M］．北京：中国建筑工业出版
社，2015.

［8］ 姚承祖，营造法原［M］．北京：中国建筑工业出版社，1986.